土壤是地球的皮肤，五大圈层的纽带；是陆地生态系统的根基，孕育世界万物的女神。

——摘自本书“前言”

土壤母亲，您如何把生命从海洋迎接到陆上，创造了地球生命的新天地？您如何把一颗种子培育成参天大树，如何让荒芜的原野长满庄稼？您提供了多少养分、水分和空气，生产了多少粮食、木材和纤维？您喂养了多少动植物和肉眼看不见的微生物？您如何把矿物质和有机物质变成乳汁，又如何哺育地球上代代相传的人群，演绎世代文明？

——摘自本书“结束语”

土壤母亲朴实无华、任劳任怨，默默地奉献着她的一切。

——摘自本书“前言”

在寂静的土壤上面是喧嚣的尘世。寂静的土壤无私奉献，喧嚣的尘世有太多的诱惑。在寂静与喧嚣激烈的冲突中，寂静的土壤可能不再寂静，她也许会发出呐喊，警示地球灾难的降临，呼唤人类良知的回归。

——摘自本书“前言”

关爱土壤就是关爱人民。健康土壤带来健康生活！

——摘自本书“前言”

—作者简介—

龚子同 1931年10月生，江苏海门人。1954年毕业于浙江大学农学院农学系，早年留学苏联。中国科学院南京土壤研究所研究员，主著《中国土壤系统分类》(1999年)、《土壤发生与系统分类》(2007年)、《中国土壤地理》(2014年)等专著10余部。长期为WRB指导委员会委员。获国家自然科学二等奖3次，获国家科学技术进步二等奖1次。

陈鸿昭 1936年4月生，广东揭阳人。1959年毕业于兰州大学地理系。中国科学院南京土壤研究所研究员，从事土壤地理分布、分区与制图、土地资源调查评价、土壤地球化学等研究。参写《中国土壤》、《西藏土壤》等专著25部，参编地图集7本，发表论文140多篇。作为主要完成人获国家级、省部级成果奖4次。

张甘霖 1966年8月生，湖北通山人。1987年毕业于华中农业大学土壤与农业化学系，1993年获得博士学位。中国科学院南京土壤研究所研究员，从事土壤发生分类、土壤地球化学、土壤地理等研究。曾任国际土壤科学联合会土壤发生委员会主席等职务。发表论文300多篇，获国家自然科学二等奖1次，省部级成果奖5次。

寂靜的土壤養育着萬紫千红的生命世界

李振声

李振声，原中国科学院副院长，中国科学院院士，国家最高科学技术奖获得者。

中国科学院科学传播局原创性科普图书基金资助
获 2017 年中国科学院优秀科普图书奖
获 2018 年度江苏省科学技术奖（科普类）

科学文化工程

寂静的土壤

理念·文化·梦想

龚子同 陈鸿昭 张甘霖 著

科学出版社
北京

内 容 简 介

被我们踩在脚下并不起眼的薄薄一层土壤，与人类的关系极大。土壤是人类的“摇篮”，是农业之本，也是粮食安全、水安全和更广泛的生态系统安全的基础。

《寂静的土壤》一书的作者长期从事土壤科学研究，根据自己对土壤和土壤科学的认识、反思和感悟写成此书。本书内容分三部分：第一部分，土壤的前世今生，从叙述土壤的生产功能、环保功能、生物基因库功能等八大功能开始，解析土壤形成多样的自然条件和复杂的社会环境；第二部分，土壤学的历史文化，论述土壤学历史上的成功经验、失败教训及其在土壤学发展过程中淀积的文化内涵；第三部分，我们的土壤梦，从中国的实际情况出发，提出当前土壤面临的挑战和美好的未来。

本书内容充实，富有理念，也很实际，同时包含大量土壤景观和土壤剖面的精美图片，图文并茂，具有较强的可读性。可供土壤、生态、环境、地学和农林科技工作者，自然资源、土地管理和开发部门参考；也可供广大自然科学和文化工作者及大、中院校师生阅读参考。

图书在版编目(CIP)数据

寂静的土壤：理念·文化·梦想 / 龚子同，陈鸿昭，张甘霖著. —北京：科学出版社，2015.10

ISBN 978-7-03-046080-6

Ⅰ. ①寂… Ⅱ. ①龚… ②陈… ③张… Ⅲ. ①土壤学 Ⅳ. ①S15

中国版本图书馆CIP数据核字（2015）第251873号

责任编辑：胡 凯 曾佳佳/责任校对：邹慧卿

责任印制：赵 博 / 封面设计：许 瑞

科学出版社出版

北京东黄城根北街16号

邮政编码：100717

http://www.sciencep.com

北京市金木堂数码科技有限公司印刷

科学出版社发行 各地新华书店经销

*

2015年10月第 一 版 开本：720×1000 1/16

2025年1月第五次印刷 印张：13 3/4

字数：270 000

定价：99.00元

（如有印装质量问题，我社负责调换）

2015
International
Year of Soils

谨以此书献给

2015 国际土壤年

中国土壤学会成立 70 周年

Silent Soil

Philosophy • Culture • Dream

Gong Zitong, Chen Hongzhao, Zhang Ganlin

Introduction

The thin soil layer beneath our feet seems humble to us, yet it is the “cradle” of human beings, the foundation for our survival and sustainable development.

The authors of this book have been engaged in soil science research for decades, and this book is an expression of their perspectives, inspirations and reflections on soil and soil science.

The book consists of three parts: Part One tells the past and present of soils. Eight functions of soils are put forward in relation to diverse soils. How these soils evolve with the complex natural environments are discussed. Part Two is about the historic culture of soils for there are many successes and failures in dealing with the relationship between human developments and soils in our history. Culture connotation in soils has evolved with the development of soil science in digesting these experiences and lessons. Part Three is seeking our dream of soil in the dream of an harmonized society. Soils are confronting many challenges that are not easy to be resolved in a short span of time, yet, we believe these difficulties will be handled and the future of our soils is bright.

This book contains both philosophical and practical thinking with abundant illustrative pictures of soil landscapes and soil profiles, making this book a fun reading. This book will be a valuable reference for scientific and technological practitioners on soil science, ecology, environmental science, geography, agriculture and forestry. It will also be a precious material for policy-makers from departments such as natural resources, land management and development. Researchers and teachers on natural sciences and humanities as well as mid- to upper-level undergraduate and graduate will benefit from this book.

◎东南部湿润土壤

东南部湿润土壤区位于我国大兴安岭—太行山—青藏高原一线以东地区。东濒海洋，受季风之惠，气候温暖湿润，地形以低山丘陵和平原为主，森林植被和土壤类型复杂多样，呈明显的纬向地带性分布。

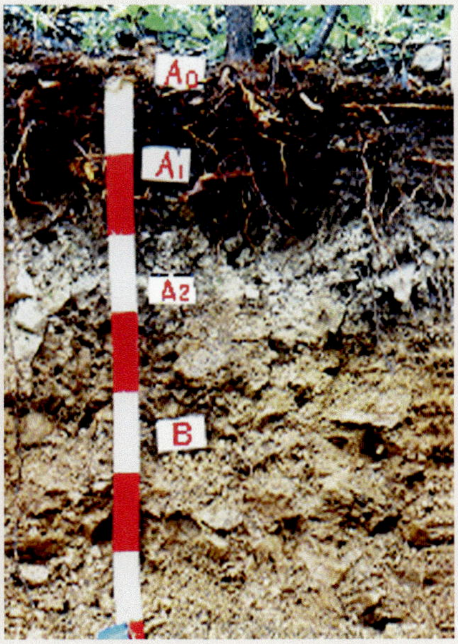

正常灰土，大兴安岭
（陈志诚 崔荣浩 摄）

冷凉淋溶土，黑龙江宝清、同江
（肖笃宁 张之一 摄）

湿润均腐土，黑龙江拜泉、宁安　（翟瑞常　辛　刚　摄）

湿润淋溶土，辽宁东陵、清原　（王秋兵　张甘霖　摄）

潮湿雏形土，山东禹城　（黄　标　摄）

水耕人为土，太湖流域　（黄　标　摄）

湿润富铁土，香港　（张甘霖　摄）

湿润铁铝土，广东徐闻　（龚子同　摄）

富磷岩性均腐土，西沙群岛永兴岛、金银岛　（杨安富　龚子同　摄）

◎中部干润土壤

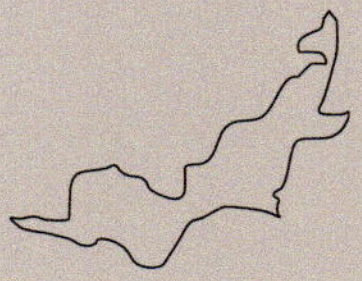

位于东南部与西北部土壤区之间的过渡带，大部分为高原、高山峡谷，地面起伏大。生物气候条件的差异决定了以干润雏形土、淋溶土为主，土壤垂直分布规律较明显。

干润均腐土，内蒙古克什克腾旗（韩春兰 贾树海 摄）

干润雏形土，甘肃榆中（李德成 摄）

干润淋溶土，四川岷江河谷（袁大刚 摄）

◎西北部干旱土壤

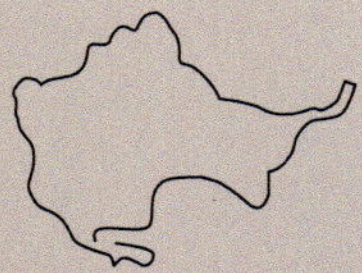

位于内蒙古—贺兰山—念青唐古拉山一线以西北的内陆地区。北部为山地与盆地、高（平）原相间分布，降水稀少，土壤盐积、钙积现象明显。南部青藏高原主要为高寒草甸、荒漠草原和高寒荒漠，土壤发育较弱。

干旱灌溉绿洲，鸟瞰天山雪山—山前洪积扇—绿洲
（田捷砚　摄）

普通干旱正常盐成土，新疆喀什　（龚子同　摄）

石膏盐积正常干旱土，新疆吐鲁番　（龚子同　崔荣浩　摄）

草毡寒冻雏形土，西藏那曲，青海玉树　（崔荣浩　杨仁敏　摄）

寒性干旱土，西藏阿里地区　（杨　飞　摄）

寒冻雏形土上的石幂和垫状驼绒藜（引自赵桂久《魂系青藏》）

◎古土壤遗存

我国各地都有古土壤分布。其中，黄河流域黄土中埋藏古土壤分布的变化趋势是六盘山以西古土壤层数较少，向六盘山以东方向古土壤层数增多，尤以洛川盆地及渭河地区古土壤层发育最多。长江流域古水稻土和古土壤遗存也不少。

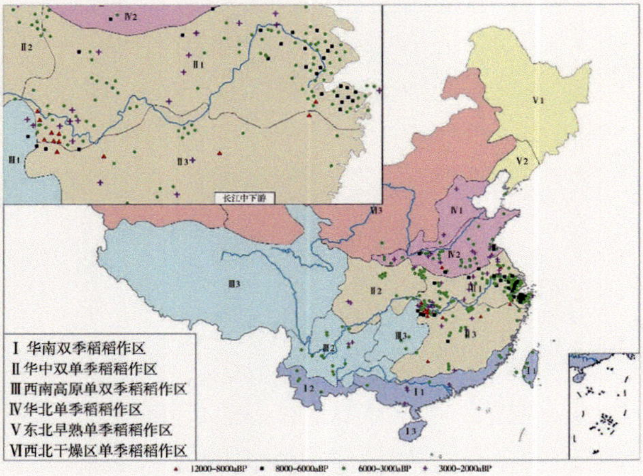

中国古水稻遗存分布略图

黄土中埋藏的古土壤，陕西杨凌
（龚子同　摄）

昆山古水稻土剖面　（龚子同　摄）

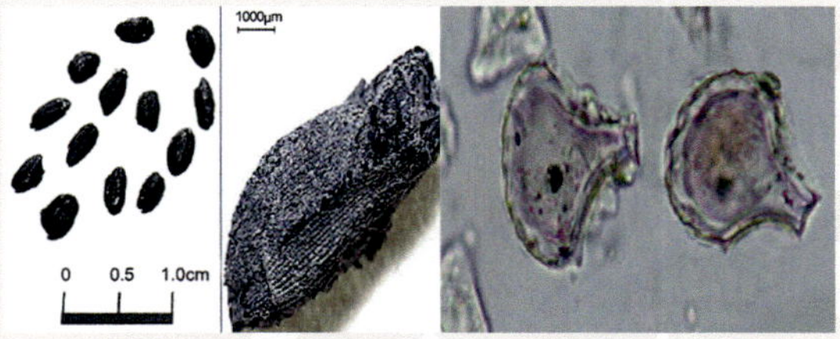

古水稻中的碳化稻粒、植硅体
（曹志洪　摄）

代序
——在寂静的土壤中发掘美丽的故事

亲爱的子同，我的老朋友：

几天前收到你寄来的书，我饶有兴致地逐页欣赏，精美的照片和清晰的脉络跃然纸上。祝贺你和你的合作者，为今后对土壤科学感兴趣的中国人准备了这样一部传世之作。文章很精彩，三部分内容的结构也很棒！

你们将理念、文化和梦想糅合于故事之中，这是一个聪明的想法。我相信很少有人能听到这寂静的土壤，但我们可以通过我们自己的语言听到。人类在其生命旅途中一直与土壤打交道，并且只要地球环境仍然适合生命的存续，我们还将与土壤继续相处下去。

我时常想，土壤学家是如何巧妙地获得隐藏在土壤层次中的信息，并生动地将它们的演变过程编成一个个生动的故事的。我猜想，如果土壤有意识，他们一定会对已被人类讲述的很多故事感到满意。从五色土到所有区域的土壤分布，很高兴看到你们将历史上有关土壤学的研究凝聚在这本书中。感谢这样一本有趣的书，即使对于像我这样的英语读者也一样感到有趣。

子同，我最近一直在思考土壤发生研究的创新性和独特性。通过阅读文献，我意识到，伴随自然发展过程的所有人类都具有创新性。为了生存，我们的大脑会处理各种各样的选择。当我们试图解释土壤层次及其整体构架所承载的信息时，我们所作出的选择本身就是创新。你们的故事有理有据，读来也是令人满意的。随着新技术不断进步，如计量土壤学某些方面的进展，我们可以获取更多、更新的信息，来检验我们所讲的故事，评价这些故事所表达的真正意义，这样将进一步审视、提炼、乃至改变我们关于土壤演变的认识。

土壤调查和成土过程的研究看起来像是对那些寂静土壤的考古。即使依据现有的结果并不能完全理解其意义，我仍然很喜欢这样的工作。这就是推动我们去创新的动力。太美妙了！我们用构思的故事为寂静的土壤代言，推动其他人更好地理解土壤，甚至可以让他们领会到土壤的美丽和价值，知道这些支撑我们文明的寂静土壤需要倍加爱护。

所以，子同，我向作者们致敬，非常感谢你们与我分享这样的好消息。

诚挚的迪克·阿诺德

——美国农部水土保持司原主任，国际土壤学会 Guy Smith 土壤分类奖获得者

Dick Arnold 评《寂静的土壤》

（黄标　译）

Dear friend and colleague Gong Zitong,

Your book arrived a day ago and I enjoyed going through the pages, seeing the many nice pictures and the format of the book. Congratulations to you and your co–authors for preparing a legacy for future people interested in soil science in China. It is well done and the format of the 3 sections is outstanding.

Philosophy, Culture and Dreams is a clever way to put together the stories you want to present. I believe that very few people ever hear about soils being silent, but we have yet to hear one in our own languages. Mankind has dealt with soils forever in its journey of life and always will as long as the earth's environment will permit human life.

I keep thinking about how pedologists, especially, have learned to cleverly gain insights into the layering of soils and make stories about their evolution and changes over time come to life. I guess if soils ' thought' they would be pleased with most stories that have been offered up. You have a long history to compress into your book and from the 5 soil monument to the broad view of all regions it is nice to see. Thanks for such and interesting book, even to an English–only reader such as myself.

Zitong, recently I was thinking about creativity in pedogenesis and whether it is special or not. As I read articles I realized that all humans by natural development are creative. They had to be to survive and our brains have the frontal lobes that are thought to handle choices. Choices are what creativity is all about as we consider what the layers and integral components in those layers might mean. You have some data, some facts, and you propose stories that seem satisfactory. New techniques come along, like some of the ones in Pedometrics, and we have new and more information, and we have to test our stories, to evaluate what they may mean, and so on as we evaluate, improve, maybe even change our minds about soils and their evolution.

It seems that soil survey and pedogenesis are like an archeology of those silent soils. I like it a lot and am even pleased that we can never know everything based on the results. That is the creativity that keeps us going. Wonderful. We are the voices of those silent soils, with our made up stories, and encouraging others to better understand and maybe even comprehend the beauty, the value, the need to care about those silent soils that support our civilization.

And so Gong Zitong, Chen Hongzhao, and Zhang Ganlin, I salute you and am very grateful for your sharing of such great news.

Sincerely,

前　言

土壤在地球系统中扮演什么样的角色？早在唐代，我国先贤们就把土壤称作“地皮”。20 世纪 60 年代国外学者称土壤为土被（Почвенный покров）和地球的皮肤（Geoderma）。“地皮”一词，正确地反映了土壤在地球生命系统中的重要性。的确，如果地球表面没有我们称之为土壤的薄薄的表层，地球将同其他星球一样几乎毫无生命的痕迹。土壤是地球的皮肤，五大圈层的纽带；是陆地生态系统的根基，孕育世界万物的女神。“百谷草木丽乎土”(《易经·离》，1000 B. C.)，在不同生物－气候条件下形成的土壤上，培育了数十万种植物的生长，出产了极为重要的和有多种用途的有机产品，是人类的衣、食之源。土壤既有生产功能，又有环保功能；既有文化功能，又有材料功能。土壤中碳、氮、磷、硫的循环，在当今全球变化中起着极为重要的作用。

土壤以其悠久的历史见证了人类的起源，以其丰富的营养支撑人类不断发展。当人类从动物界脱颖而出的时候，只是地球生命之网中的一个结。在早期社会，人类敬畏土壤、依靠土壤、利用土壤、享受土壤，最后回归土壤，人土相依，和谐相处。后来人类经历了数千年农业文明的进化以及数百年工业文明的快速发展。随着人口的增加，人们对土壤的要求越来越多，加上工业化和城镇化对土壤的冲击，人们破网除结，误认为“人定胜天”，打破了生态与环境的平衡。人类若不能正确对待土壤这一大自然的馈赠，无止境地占有、索取或掠夺，听任水土流失、盐渍化、荒漠化、养分亏缺、土壤酸化和土壤污染肆虐，不仅对经济的发展，还将对人类文明产生威胁。著名科学家、画家列奥纳多·达·芬奇在 15 世纪就曾指出：“我们对自己脚下土壤的了解，远不及对浩瀚的天体运动了解得多。”但至今为何我们脚下的土壤还是那样寂静，不被关注，甚至遭人恣意践踏呢?

文化植根于土壤，不论国家大小、强弱，在生产实践中都创造了关于土壤的语言和文字。诗人、文学家凭其艺术嗅觉，感受土壤的大美，讴歌家乡，抒发对国家和人民的深情厚意；面朝黄土背朝天的农民，将生命融入土壤，以朴素的感情在土壤里播种希望，传诵着许多颂扬土壤的谚语和传说。但也有一些不和谐的声音，至今还流传着“贱如粪土”、“土崩瓦解”、“挥金如土”等词语，也有把土壤称为“污泥”的，有意无意地把土壤作为“卑微”的同义语。某些决策者和管理者不仅不珍惜土壤，而且热衷于“土地财政”，挥霍自然的恩赐和人类共同的遗产，令人痛惜。幸而，在历史的长河里，在生产实践中，古今中外积累了许多人类如何自律、和谐共处的土壤文化，深刻地反映了人类和土壤的血肉联系和深厚乡土感情。这是对历史和优秀传统文化的传承，对爱土、护土的歌颂，也是对践踏和破坏土壤的鞭挞！作为土壤工作者，常埋头于实验室或奔走于田间，很少以科普形式来表达对土壤的“理念、文化和梦想”。我等毕生从事土壤工作，感受土壤的“喜、怒、哀、乐”，认识到人类在追求农产品高产和物质享受的时候，人们身上所缺失的一些素质、社会价值和人文精神，原来不少就在土壤文化和乡土之中。本书定名《寂静的土壤》，寓意土壤母亲朴实无华，任劳任怨，默默地奉献着她的一切，千万年永不停息。在寂静的土壤上面是喧嚣的尘世。寂静的土壤无私奉献，喧嚣的尘世有太多的诱惑。在寂静与喧嚣激烈的冲突中，寂静的土壤可能不再寂静，她也许会发出呐喊，警示地球灾难的降临，呼唤人类良知的回归。

本书既是土壤领域，也是生态与环境领域的通俗读物。首先，从地球系统观点看，土壤是地球的皮肤，是一个历史自然体。今天我们所见的形形色色的土壤是时间极长、范围极广、时空变化中相对静止的瞬息。其次，从历史发展看，土壤学建立 130 多年来有光辉的四大成就：“矿质营养”、“土壤吸附”、“土壤发生”和“豆科根瘤菌固氮”学说；但同时也发生过许多土壤环境事件，如古巴比伦文明的湮没，20 世纪 30 年代美国的黑色风暴以及日本等国的土壤污染事件。古为今用，历史的经验值得借鉴。再次，土壤是生态系统的枢纽，也是受人类智慧和劳动影响的人工生态系统。从生态学观点剖析，我国土壤利用面临严峻挑战，虽然土壤退化局面在扭转中，有的已成历史，但建立良好的生态系统，路还很长，任重道远。

本书以“自然–社会–土壤”复合系统为对象，可持续发展为目标，以“理念、文化、梦想”为脉络，构成全书整体框架。内容分三部分，第一部分是土壤的前世今生，从叙述土壤的生产、环保、生物基因库等八大功能开始，解析土壤形成多样的自然条件和复杂的社会环境；第二部分是土壤学的历史文化，论述土壤学在历史上的成功经验、失败教训及其在土壤学发展过程中淀积的文化内涵；第三部分是我们的土壤梦，从中国的实际出发，指出当前土壤面临的挑战和美好的未来！让土壤回归自然，与万物共荣，展示其潜力！让人们看到平凡的土壤并不平凡！让寂静的土壤诉说其可歌可泣的故事！让被踩在脚下的土壤受到应有的尊重！

值此 2015“国际土壤年”暨中国土壤学会成立 70 周年之际，殷切期望地球人都来“爱土、护土和用好土”，以期地球生命系统永远繁荣！

关爱土壤就是关爱人民。健康土壤带来健康生活！

龚子同

2015 年 8 月 25 日

目录
CONTENTS

目录
CONTENTS

第 1 章 土壤的功能

土壤是陈铺在地球表面的一层松散物质。这一司空见惯、并不起眼的薄薄土层与地球的自然环境、人类出现、人类社会及其文明形成和发展有着密切的关系。为了更好地认识和了解什么是土壤及其在自然界进化和人类社会发展进程中举足轻重的地位和作用，首先必须了解土壤的多种功能，才能深刻理解土壤扮演的角色。

人们由于对广泛存在于自然界的土壤理解的角度、深度和广度各异，故对土壤功能的评价有所不同。传统的农业学者认为，土壤是农业基础，能生长绿色植物的地球疏松表层；环境学者认为，土壤是重要的环境因素，是污染物的缓冲带和过滤器；生态学者认为，土壤是地球生态系统中生物多样性最丰富、物质循环和能量交换最活跃的层面，也是植物、动物和微生物的基因库；考古和古生态学者认为，土壤是文化遗产的保存者；建筑工程学者认为，土壤是建筑物的承受者和工程材料的来源；旅行家和摄影爱好者认为，自然或人工土壤生态景观是旅游资源。因此，土壤是多功能的。土壤功能的基础是由土壤自身作为一个历史自然体[1]、五大圈层的纽带和土壤资源的特点所决定的。

1.1 土壤功能的基础

1.1.1 土壤是一个历史自然体

土壤是生物、气候、母质、地形、时间等自然因素和人类活动综合作用下的产物，并随这些成土因素的变化而变化。它不仅具有自己发生、发展的历史，而且是一个形态、组成和结构上可以剖析的实体。地球表面土壤千变万化，就是因为在不同时间和空间位置上，上述成土因素的变异造成的。土壤的厚度，可以从几厘米到数米，这不仅取决于风化强度和成土时间，也取决于沉积、侵蚀过程强度，同时也与自然景观的演化过程有密切的关系。

1. 土壤具有一定的剖面

在成土作用下具有一定层次分异的土壤剖面，反映了土壤的成土过程。道库恰耶夫（B. B. Докучаев）把土壤剖面划分为三个基本矿质土层：A 层，地表最上端，腐殖质在这一层聚积；紧接其下是 B 层，其特征是黏粒和其他可移动的物质在这里淀积，称淀积层；B 层之下是 C 层，该层由不同程度风化物构成，常常是 A、B 层发育的母质；其下还有母岩层——R 层。通常所说 A、B、C 是三个基本层次（图 1–1）。其后研究者把土层划分得更细，如 E（淋溶层）、G（潜育层），B 层又分 Bt（黏粒淀积层）和 Bk 层（碳酸钙淀积层），在长期耕作后，形成耕作层（Ap1）和犁底层（Ap2）等。

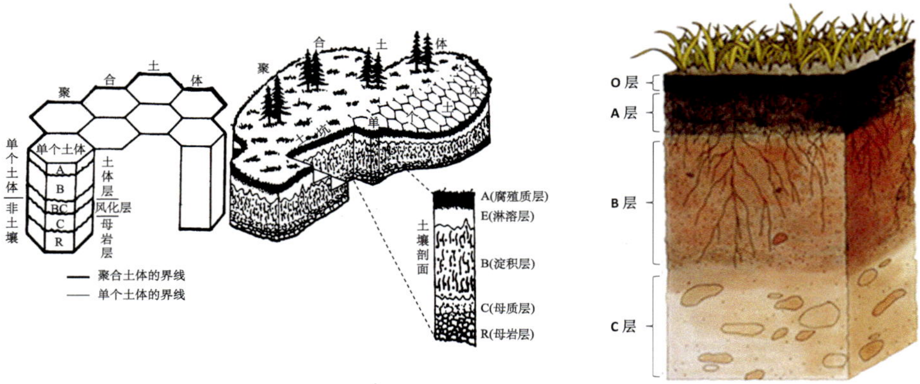

图 1–1 土壤剖面的基本土层

2. 土壤具有不同组成

颗粒组成 土壤矿物质包括石砾（>2mm）、砂粒（2~0.05mm）、粉粒（0.05~0.002mm）和黏粒（<0.002mm），一般 <2mm 的部分为土壤。土壤黏粒由不同的黏土矿物所组成，如水云母、蒙脱石、高岭石和蛭石等。

物理性质 土壤可分为固相（土壤矿物质和有机质）、液相（土壤水分）和气相（土壤空气）三相。这决定了土壤具有孔隙性和结构性；土壤水分含有可溶性有机物和无机物，又称土壤溶液；土壤空气主要由氮气（N_2）和氧气（O_2）组成，并含有比大气中高得多的二氧化碳（CO_2）和某些微量气体。土壤三相之间互相联系，互相制约。液相和气相之间常处于此消彼长的状态，其消长幅度在 15%~35%（图 1–2）。

化学性质 可分为矿物质、有机物和生物（含微生物）。按重量计，矿物质约占固相部分 95% 以上，有机物一般在 5% 以下，生物和微生物数量大，但所占比重不大。

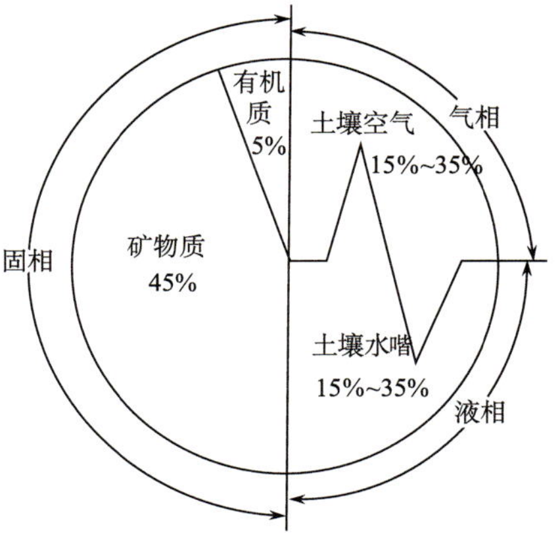

图 1-2 土壤三相组成示意（容积比）

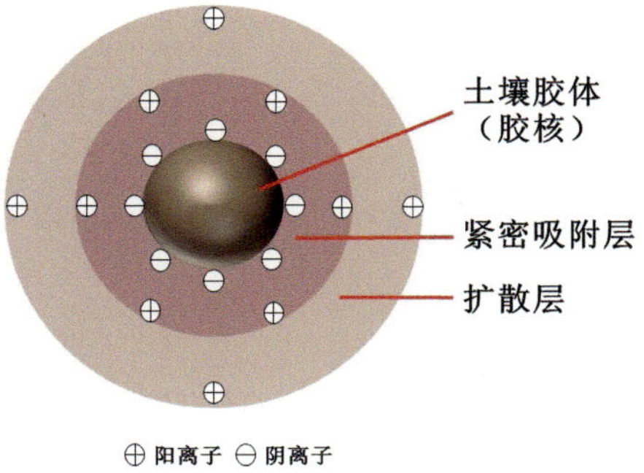

图 1-3 土壤胶体吸附离子的示意图

物理化学性质　根据物理化学的定义，溶质在溶液中呈不均一的分布状态，胶体界面层中溶质的浓度与本体溶液中不同，这种浓度改变的现象，称为吸附作用[2]。当界面层中溶质的浓度高于本体溶液中时，称为正吸附；反之，则称为负吸附。在土壤学中，土壤胶体表面主要带负电荷。当土壤胶体存在于电解质溶液中时，由于库仑力的作用，胶体界面层中阳离子的浓度必将高于远离胶体表面的本体溶液中者（图 1–3），这种现象称为阳离子的吸附作用。

3．土壤具有吸附性能

为什么海水通过土层后苦味消失？为什么土壤具有保肥和保水能力？这与土壤吸附性能有关。土壤吸附性是指土壤吸附液体和溶解于液体中物质的能力，是土壤具有缓冲性能的基础；并能影响土壤酸碱性、养分有效性、土壤结构性以及土壤中生物的活性。土壤吸附是土壤中固、液相界面上离子（或分子）高于该离子（或分子）在土壤溶液中的浓度时出现的界面化学行为。土壤吸附可分为以下几种类型：

物理吸附　又称分子吸附或非极性吸附。指土壤颗粒表面对溶于水的物质分子的吸附，由土壤胶体系统力求降低其表面能所致。

交换吸附　指带净负电荷或正电荷的土壤细粒，借静电引力而对溶液中带异性电荷的离子或极性分子吸附。交换性吸附是可逆的，当土壤中固相从溶液中吸附离子时，土壤固相必然会发生另一类同号离子的解吸过程，且吸附和解吸是等当量进行的。当土壤带净负电荷时即为阳离子交换过程，带净正电荷时即为阴离子交换过程。

专性吸附　指非静电因素引起的土壤对离子的吸附，主要由离子在土壤中的水合氧化物型表面上形成配位键或共价键所致。这种吸附与土壤黏粒中的矿物组成、离子本性和土壤体系的 pH 影响有关。

化学吸附　又称化学沉淀，指外加入土壤中的物质与土壤溶液中的离子或与土壤固相表面发生化学反应，形成新的难溶性化合物的现象。如铜、锌、镉等离子进入石灰性土壤时形成难溶性碳酸盐沉淀；磷酸根、砷酸根、硒酸根等阴离子被土壤中铁、铝氧化物强烈的专性吸附现象，也常用化学吸附来解释。

我国不同土壤具有不同的黏粒矿物，因而所带负电荷量有很大差别，从北到南有逐渐降低的趋势（表 1–1），其吸附性能也大不相同。

土壤类型	主要黏粒矿物	负电荷 /(cmol(+)/kg)
半干润均腐土（内蒙古）（暗栗钙土）	蒙脱石 [水云母、蛭石]	66.3
干润淋溶土（北京）（褐土）	水云母 [蛭石、高岭石等]	55.9
铁质湿润淋溶土（江苏）（黄棕壤）	水云母 [高岭石、蒙脱石]	41.4
湿润富铁土（江西）（红壤）	高岭石 [水云母、蛭石]	22.0
富铝湿润富铁土（广东）（赤红壤）	高岭石 [水云母]	12.6
湿润铁铝土（海南）（砖红壤）	高岭石 [三水铝矿]	5.2

表 1–1　我国具有不同黏粒矿物土壤胶体（< 1μm）的负电荷（pH=7）[3]

1.1.2 土壤是五大圈层的纽带

1938 年瑞典科学家马特森（S. Mattson）[4] 根据物质循环的特点，提出土壤圈（pedosphere）的概念：认为土壤是岩石圈、大气圈、水圈及生物圈相互作用的产物，反过来对这些圈层也产生影响。所以，我们称土壤圈是这五大圈层的纽带，构成了结合有机界与无机界，即生命和非生命联系的中心环节。

在地球的表层系统中，土壤圈内各种土壤类型、特征和性质都是过去和现在大气圈、生物圈、岩石圈和水圈相互作用的记录和反映。土壤圈对各圈层的能量、物质流动及信息传递起着维系和调节作用。

土壤圈是一个开放系统（图 1–4），也是一个能量转换器（图 1–5）。即土壤圈

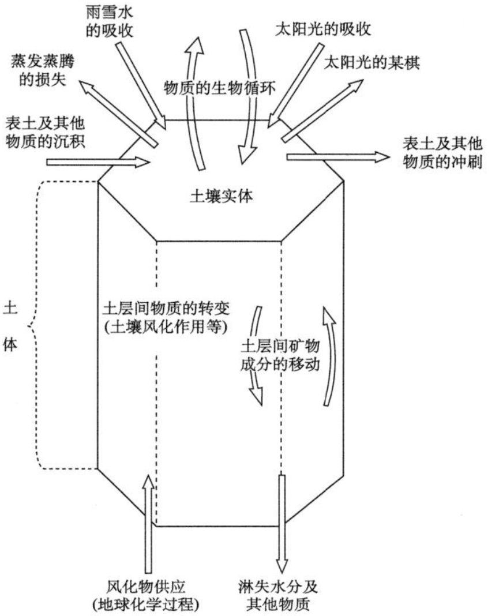

图 1–4 土壤作为开放系统示意图[5]

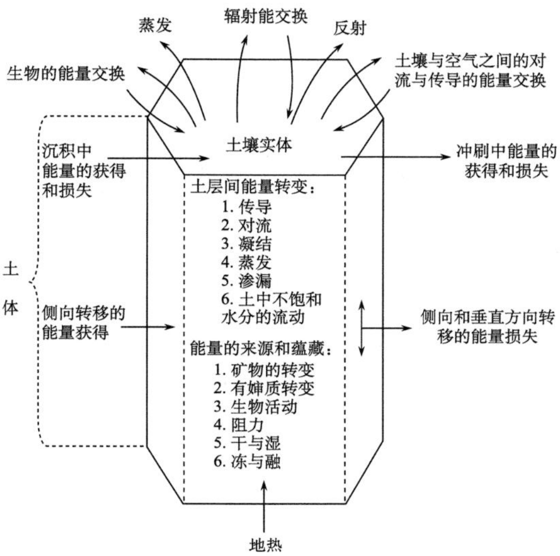

图 1–5 土壤作为能量转换器示意图[5]

是一个与其他圈层保持着复杂而密切的物质和能量交换，并不断处于运动之中的开放系统。土壤圈的任何变化都会影响各圈层的演化和发展，乃至对全球变化产生冲击作用。

1.1.3 土壤是珍贵的自然资源

土壤资源具有一系列的自然 – 经济特点。

土壤资源数量的有限性　土壤资源是与光、热、水、气资源一样重要的自然资源。但从土壤数量来看，是有限的。在地球上，就人类社会历史而言，它的数量不会增加。土壤资源再生速度极其缓慢，形成 1cm 厚的土壤，约需要几百年或更长的时间，所以，它不是取之不尽、用之不竭的资源。

土壤类型及其分布的规律性　在不同的成土条件下，在土壤的时空运动中，形成一定的土壤类型及其空间分布格局。根据成土条件和成土过程形成不同类型的土壤，如发育幼年的土壤——初育土和雏形土；受水分影响的水成土——有机土、潜育土和盐成土；在草原植被下形成的土壤——均腐土和干旱土；有明显淋溶作用的土壤——淋溶土和灰土；具富铝化特征的土壤——富铁土和铁铝土，以及在人为作用下形成的人为土等。

由于气候、生物、植被在地球表面表现出一定规律性，土壤空间分布表现出相应的规律性，即覆盖在地球表面各种不同类型的土壤，在地面空间位置上有相对的固定性，在不同生物气候带内分布着不同的地带性土壤。土壤的这种地带性分布表现为水平地带性（纬度和经度地带性）和垂直地带性。

土壤资源的空间位置分布除地带性分布规律外，还受区域地形、母质、水文、地质等条件的影响。例如，地形影响水热条件的再分配，山地不同坡向的水热条件不同，因而在阴坡、阳坡的不同空间位置上，就可能分布着不同类型的土壤。

人类的耕作活动改变了土壤的性状，也影响土壤的空间分布，如黄土高原长期使用土粪形成的塿土，干旱与半干旱地区长期灌溉发育的灌淤土，各地长期水耕农田发育的水耕人为土，都是人为耕作活动的结果。

土壤资源质量的可变性　在成土过程中，植物、动物和微生物生物体不断地繁衍与死亡；土壤腐殖质不断地合成和分解；土壤养分及其元素不断积聚或淋洗，这些生物、物理、化学的过程都处于动态平衡中。土壤在这些周而复始的循环和平衡中不断发展变化。只要科学地对土壤用养结合，不断补偿和投入，完全有可能保持土壤肥力的永续利用。但另一方面，在破坏性自然营力作用下，或人类违背自然规律，破坏生态环境，高强度、无休止地向土壤索取，土壤肥力将逐渐下降甚至破坏，就会造成土壤质量的退化。

1.2 土壤八大功能

1.2.1 土壤的生产功能

“民以食为天，食以土为本”，精辟地概括了人类—农业—土壤间的关系。农业是人类生存的基础，而土壤是农业的基础。全球 70 亿人口每天消耗的资源是天文数字，其中所消耗 80% 以上的热量、75% 的蛋白质和植物纤维都直接来自土壤；一颗种子长成参天大树，世界上有 35 万多种植物生长在土壤上。土壤以其特有的土宜特性，生产粮食作物和纤维作物。在不同生态条件下，培育出了各种名特优农产品，如热带铁铝土上的咖啡、可可、胡椒和腰果等；亚热带富铝土上的柑橘和茶叶，特别是柑橘类的沙田柚、南丰蜜橘、潮州椪柑，茶叶中的乌龙茶、普洱茶和龙井茶；温带淋溶土上的肥城桃、莱阳梨、天津鸭梨和烟台苹果等；漠境干旱土上的长绒棉、吐鲁番葡萄、哈密瓜和库尔勒香梨均驰名中外。天然药物方面也有与土壤相联系的特定产地，如黄连以川、贵为佳，枸杞以甘、宁为优，红花以西藏为最，三七云、贵居上，即所谓道地药材。农业生产的基本特点是生产出具有生命的生物有机体，其中最基本的任务是发展人类赖以生存的绿色植物的生产。绿色植物生长发育的五大基本要素，即日光（光能）、热量（热能）、空气（氧及二氧化碳）、水分和养分，其中养分和水分主要通过根系从土壤中吸取[5]。如图 1–6 所示，即使是草本植物的根系分布也可达数米，在实验室条件下可清晰地看到白羽扇豆的根系分布（中国农业大学植物营养学科资料），生长于沙漠中的胡杨为了吸取水分，水平根可以延伸数十米。正是这些强大的根系滋养了植物群体。

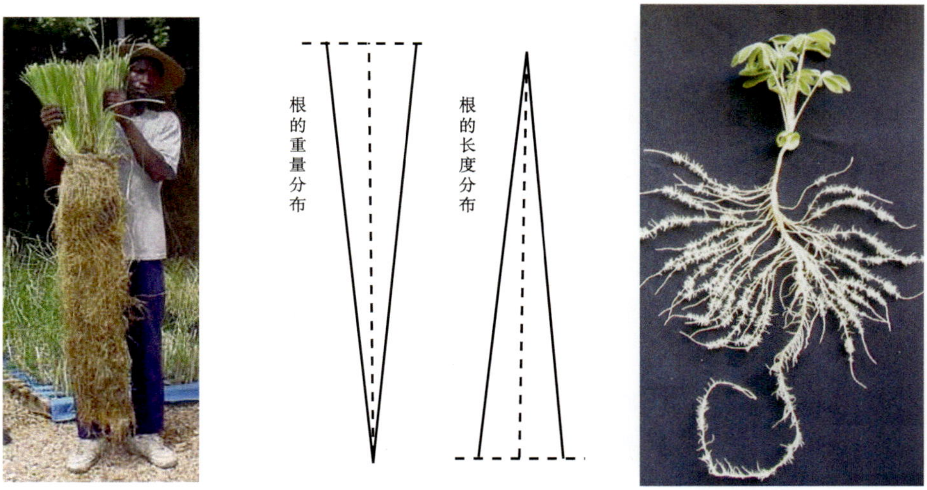

图 1–6 植物根系的分布状况

营养库的作用　植物需要的营养元素除 CO_2 主要来自空气外，氮、磷、钾及中量元素（如 Ca、Mg 等）、微量营养元素（如 Cu、Zn、Co、Ni、B、Mn、Mo 等）和水分则主要来自土壤。从全球氮、磷营养库的储备和分布看，虽然海洋的面积占地球陆地面积的 2/3，但陆地土壤和生物系统储备的氮、磷总量要比水生生物和水体中的储量高得多，无论从数量和分配上，土壤营养库都十分重要。土壤是陆地生物所必需的营养物质的重要给源。

雨水涵养作用　土壤是地球陆地表面具有生物活性和多孔结构的介质，具有很强的吸水和持水能力。据统计，地球上的淡水总储量约为 0.39 亿 km^3，其中被冰雪封存和埋藏在地壳深层的水有 0.349 亿 km^3。可供人类生活和生产的循环淡水总储量只有 0.041 亿 km^3，仅占总淡水量的 10.5%。在 0.041 亿 km^3 的循环淡水中，除循环地下水（95.12%）和湖泊水（2.95%）超过土壤水（1.59%）外，土壤储水量明显大于江河水（0.03%）和大气水（0.34%）的储量。土壤的水分涵养功能与土壤的总孔隙度、有机质含量等土壤理化性质和植被覆盖度有密切的关系。植物枝叶对雨水的截留和地表径流的阻碍、根系的穿插和腐殖质层的形成，能大大增加雨水涵养、防止水土流失的能力。

生物的支撑作用　土壤不仅是陆地植物的基础营养库，还能使绿色植物在土壤中生根发芽，根系在土壤中伸展和穿插，获得土壤的机械支撑，保证绿色植物地上部分能稳定地立于大自然之中。土壤中还拥有种类繁多、数量巨大的生物群，地下微生物在这里生活和繁育。

1.2.2 土壤的环境功能

土壤具有吸附、分散、中和和降解环境污染物质的缓冲和过滤作用；只要土壤具有足够的净化能力，地下水、食物链和生物多样性就不会受到威胁[6]。土壤环境保护功能主要表现在对进入土壤的污染物通过物理、化学、物理化学和生物学等过程，使其浓度降低、毒性减轻或降解消失的过程。

物理降解　通过扩散与稀释、淋洗与挥发或吸附与沉淀等，使土壤中污染物浓度或活性降低。

化学降解　通过氧化还原、化合分解、酸碱反应、络合和螯合等，使土壤中污染物的结构改变或毒性和迁移性降低。

物理化学降解　通过土壤的胶体吸附、解吸和凝聚等物理化学过程，使土壤污染物降减。

生物降解　指利用生物的代谢作用，促使污染物的降解。

虽然土壤具有降解污染物的功能，但土壤环境的容量是有限的。当现代工业所排放的大量“三废”（废渣、废水和废气）、大城市所排放的大量生活污水以及过量使用的化肥和农药进入土壤，超过了土壤环境容量时，必将导致土壤降解能力的衰竭，造成日益严重的土壤污染。

1.2.3 土壤是生物基因库和种质资源库

土壤中的生物有多细胞的后生动物、单细胞的原生动物以及大量的微生物（图 1–7）。

1．后生动物

后生动物是小的土居性的多细胞动物，主要包括线虫、蠕虫、蚯蚓、蛞蝓、蜗牛、千足虫、蜈蚣、轮虫、蚂蚁、螨、环节动物、蜘蛛和昆虫等，其中蚯蚓就有 1400 多种。后生动物对植物残体的破碎，有利于原生动物的取食和微生物的进一步分解。

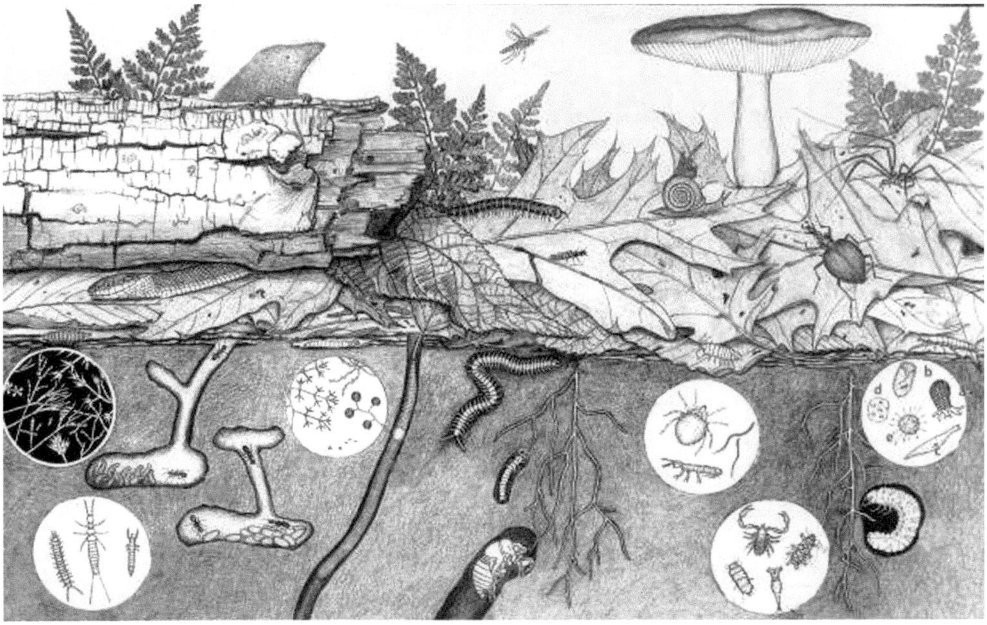

图 1-7 土壤中的生物群落

2．原生动物

原生动物为单细胞真核生物，其数量多、分布广。1g 土壤中原生动物数量一般为 10^4~10^5 个，多时可达 10^6~10^7 个，表土中多，底土少。原生动物参与植物残体的分解，可调节细菌数量和促进某些土壤的生物活性。

3．微生物

土壤是微生物的“大本营”。土壤中的微生物分布广、种类多、繁殖快、数量大，是土壤生物中最活跃的部分。从传统土壤微生物学研究的“三大菌”来看，1g 土壤中可含有数百万至数亿个细菌、数万至数百万个放线菌、数千至数十万个真菌，这些微小的地下生命组成全球生物量的很大一部分。土壤微生物参与有机质的分解、腐殖质的合成及养分的转化等，并促进土壤的形成与发育。

土壤是重要的微生物种质资源库和功能基因库，人类目前应用的微生物大多是从土壤中分离、驯化和选育的。例如，英国细菌学家弗莱明于 1928 年发现了青霉素，英国病理学家弗洛里与生物化学家钱恩于 1941 年前后实现了青霉素的分离与纯化，美国制药企业紧接着在 1942 年开始对青霉素进行大批量生产，拯救了无数生命。1945 年，弗莱明、弗洛里和钱恩因“发现青霉素及其临床效用”而共同荣获了诺贝尔生理学或医学奖。1944 年，我国著名微生物学家樊庆笙先生在国内率先开展青霉素研制工作，1953 年第一批国产青霉素成功问世，目前我国的青霉素年产量已居世界首位。青霉素是从青霉菌培养液中提制的、分子中含有青霉烷并能在细菌细胞繁殖期起杀菌作用的抗生素，是世界上第一种能够治疗人类疾病的抗生素。继青霉素之后，链霉素、氯霉素、土霉素、四环素等抗生素不断产生，这些都是生长在土壤之中的微生物产生的物质，它们增强了人类治疗传染性疾病的能力。迄今为止，人类已经开发并成功应用于工、农、医、环保等领域的微生物已达数百种，进一步发掘利用的前景十分广阔。

今后将以土壤微生物群落的遗传信息为研究对象，采用先进的分子生物学手段，构建土壤微生物基因组和蛋白组信息库，并联合分离培养方法，为土壤微生物资源的开发利用和保护提供理论指导，以发挥土壤微生物资源的巨大潜力。

1.2.4 土壤是生物多样性的根基

世界上没有相同的两片树叶，地球上也没有两块相同的土壤。俗语说“一步三换土”，就是说的土壤类型多、变化大。

土壤作为一个开放系统，其形成过程不仅受到五大成土因素的综合作用，还受到自“人类世”以来不断加剧的人为影响，造成土壤类型和土壤分布形式多种多样。例如，美国土壤系统分类有 12 大土纲，超过 22 000 个土系；中国土壤系统分类划分出 14 个土纲，39 个亚纲，138 个土类，588 个亚类，目前中国土系调查正在进行中，估计其土系的数量不亚于美国。

工业革命以来，地球系统和土壤圈发生了不可逆的剧烈变动。地球上土壤和物种正处于快速濒危和灭绝中，速度超过以往任一个时期。因此，20 世纪 60 年代苏联土壤学者 B. M. Фридганд[7] 提出的“土被结构”是最早对土壤多样性概念的探索。20 世纪 90 年代初西班牙土壤学者 Ibáñez[8] 等运用由生态学家发展而来的数学方法去研究土壤多样性，并明确提出了新的术语“土壤多样性”（pedodiversity）。在这些研究中，一般使用丰富度指数（richness index）、香农熵（Shannon entropy）、均匀度指数（Pielou index）和多度分布模型（abundance distribution models）作为主要的多样性测度方法。

在最近的研究中，通过分析土壤多样性和生物多样性的交互关系，强调了两种多样性具有许多内在联系。的确，不同地带的植被与相应的地带性土壤成组合，稀有土壤常与珍贵的植物种类和独特的生态系统相匹配。名特优农产品实际上是优良的植物品种与特定的土系相结合的产物。土壤的多样性为生物多样性提供了条件（图 1–8）；反之，生物多样性也影响土壤多样性的发生和演化。没有基于地学要素多样性构成的土壤多样性，生物多样性很难为继（图 1–9）。

随着土壤退化的加剧，土壤多样性的研究更显重要，土壤学者开始用土壤多样性的研究指示濒危、稀有土壤类别。2003 年，美国加州大学伯克利分校的 Ronald Amundson[9] 及其同事们研究了 1.3 万个土系分布信息的官方数据后，根据多样性指数计算指出，有 4500 多种为“稀有”土壤，通常是独一无二的生物气候、地质地形以及生态系统历史的产物。同时，他们还发现了 508 种“濒临灭绝”的土壤，有 31 种土壤已经“灭绝”。北卡罗来纳州的州土 Cecil 土系在美国曾有超过 4 万平方公里的分布面积，以及超过 150 年的棉花、玉米等作物的种植历史，但由于表土受到侵蚀，目前这一土系已濒临灭绝 [9,10]。中国学者在江苏（苏州、南京等地）、山东、河南研究了土壤的多样性。张学雷等 [11–14] 研究苏州土壤的多样性时指出，苏州城市面积扩大了 3 倍多，在 31 种土属一级的土壤中，有 25 种已不同程度的减少，一种潜育土濒临灭绝，一种新成土已完全“消失”。任圆圆等 [15] 对比了中国中、东部典型省会南京、郑州和县域原阳、如皋土壤空间分布多样性指数小于 0.2 的“稀有土属”，分别为 6 个、0 个、1 个和 2 个。俄罗斯土壤学家也在致力于识别稀有土壤，2009 年发表了《俄罗斯土壤红皮书》。

图 1–8 土壤多样性与生物多样性的交互关系

根不离土，土不离根。生物圈离不开土壤圈，土壤多样性是生物多样性的根基，保护土壤多样性就是保护生物多样性。

1.2.5 土壤是全球碳循环中重要的碳库

二氧化碳（CO_2）是大气中的主要微量成分，是主要的温室气体之一。目前使全

图 1-9 土壤侵蚀导致生物多样性锐减（崔荣浩 史德明 摄）

球变暖原因中大约 50% 是由于人类活动所增加的 CO_2。工业革命前公元 1800 年大气中 CO_2 浓度约为 280mL/m^3 [16]，而 1959 年位于夏威夷的 Mauna Loa 长期观察站发现其浓度达到 315mL/m^3 [17]。此后大气 CO_2 浓度持续增加，平均每年升高 1.5mL/m^3 [18]。按此速度目前已接近 400mL/m^3。有学者预计到 2030 年，CO_2 浓度将高达 600mL/m^3，是工业革命前的 2 倍。土壤是全球碳循环中的重要碳库。在主要碳库中，大气碳库最小（760Pg C），海洋碳库最大（38 000Pg C），陆地碳库居中（2500Pg C），其中 73% 以有机质（SOM）的形态存在于土壤中。

过去 30 年中，一些专家们提出了不少土壤有机碳储量估计值，由于估算土壤有机碳储量缺乏一些基本参数，因而变化较大。目前认可的范围为 1500~2500Pg C。比较通行的估计为 1500Pg C[19]。我国土壤有机碳库估值介于 50~185Pg C。于东升、史学正等提出约为 88Pg C 比较可信 [20]。我国土壤有机碳占全球土壤有机碳 6% 左右。

土壤碳库是大气碳库的 2 倍。总库容的变化与几大圈层紧密相关（图 1-10）。陆地生物通过光合作用，同化大气中的 CO_2，成为大气 CO_2 的汇，而陆地生物的光合产物进入土壤的部分又通过微生物的分解转化为 CO_2 重返大气，成为大气 CO_2 的源。土壤有机碳库分解和积累速率直接影响全球的碳平衡。从全球来看，土壤中有机碳以有机土、雏形土储量最高，而灰土、干旱土、砂质新成土和变性土储量最低。

Lal 指出土壤固碳对于全球变化和食物安全的意义。提出了一些可行性的对策，如土地复垦、营造再生林、免耕、作物覆盖、营养管理、有机肥与污泥施用、农业森林、空闲地种植能源作物等[21]。退化土壤碳库的增加，不仅可以增产粮食，而且土壤固定的碳，每年能抵消 0.4~1.2Pg C 的化石燃料燃烧排放的 CO_2，这一数量占全球化石燃料排放碳量的 5%~15%。

我国退耕还林、退牧还林促进了土壤固碳。

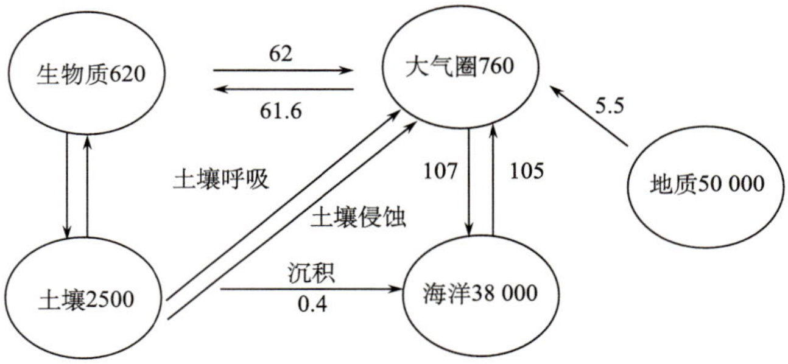

图 1-10 主要碳库及相互作用（单位：Pg）[21]

1.2.6 土壤具有保存自然文化遗产的功能

在历史的长河中，成土因素的变迁，如新构造运动、火山喷发、河流改道、沉积物覆盖、风沙堆积和人工堆垫，加上人类战乱、饥荒和人口的迁徙，使成土环境剧变，造成了一个封闭的环境，一些自然变化和人类文明得以保存下来。如在自然条件下，在黄土高原黄土沉积中埋藏了不同时期的古土壤；在青藏高原隆起过程中出现了不同成土条件下形成的古土壤。这些古土壤的形成特点，有助于推断黄土高原古气候的变化以及青藏高原隆起的速度。

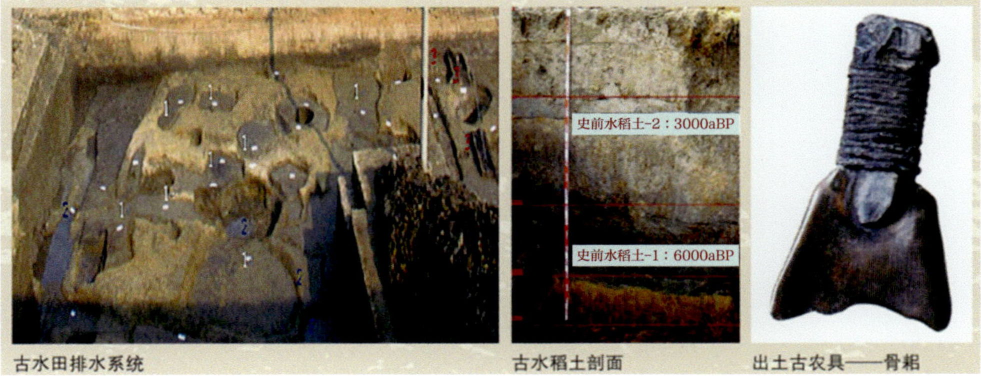

图 1-11 江苏绰墩山出土的古水田排水系统和埋藏的古水稻土[22]

至于社会历史与人类文明的关系更为密切，如古埃及、古希腊、古印度和我国古代均有丰富的地下宝藏，名震中外的西安秦始皇兵马俑即是古代文明的辉煌宝藏。西安的半坡村、浙江的河姆渡和江苏的绰墩山、草鞋山遗址中都保留了重要的史前文化遗迹。图 1–11 为绰墩山出土的古水田排水系统、埋藏的古水稻土和骨耜 [22]。另外，从各地出土的炭化稻谷的地理分布和发展轨迹中，可探讨稻谷起源的线索 [23]。

1.2.7 土壤是景观旅游资源

我国地域广大，土壤景观旅游资源众多。自然土壤景观以秀丽著称，或以奇异见长，别具一格，多姿多彩。我国农业历史悠久，有不少已开发的人工土壤景观，极具观赏旅游价值。

自然土壤景观　如云南元谋的土林奇观，土柱身上杂有石英、玛瑙等，在阳光的照射下，放出奇异的光彩（图 1–12），号称世界土林之首。它与云南的“石林”和“沙林”并称为“云南三林”，2002 年 17 届国际土壤学会把它列为野外考察重点。又如新疆克拉玛依市东北的乌尔禾“魔鬼城”，是荒漠地区丘陵岗地上土壤由风沙侵蚀而成的。它远看酷似中世纪的城堡林立，参差不齐，裸露在外的风化砂土层被狂风雕琢成奇形怪状，被誉为“沙漠中的奇迹”。

图 1–12　云南的“土林”（徐宁　摄）

山区人工土壤生态景观 梯田是山区人们在农业生产劳动中创造出来的一种特殊景观。数千年来，生活在山区的人们面对高山峡谷的生存空间，创造、总结出一套垦种梯田的方法，利用特有的山地地形，修堤筑埂、建造梯田，把终年不断的山泉溪涧，通过水笕沟渠引进梯田，形成“山有多高，水有多高”的盛景。每当播种时节，农民们犁田、砌埂、削壁、灌水，或牛拉，或人牵，点缀在如镜般的梯田水面，在明媚的阳光下，山风微吹，波光粼粼，勾画出一幅生机盎然的田园风光；三四月间，层层梯田青翠欲滴，宛如一块块绿色壁毯；夏末秋初，稻谷成熟，放眼望去，一片金黄，这简直就是一幅变幻奇巧、简朴秀丽的水墨画。如今，梯田不仅是云南元阳县哈尼族、贵州从江县苗族、广西桂林龙脊壮族农民生存的载体，也成为旅游者眼中一片绝美的景观。国内川南珙县和筠连县、贵州丹寨县龙泉镇高要村、湖南娄底新化县紫鹊界、福建尤溪县联合乡、江西崇义县上堡乡、浙江丽水等地的梯田也都在开发为旅游资源。其中最完整、壮美的元阳哈尼梯田已申请世界文化遗产[24]。

水乡人工土壤生态景观 在我国低洼圩区与湖荡地区，由于长期的人为改造、不断挖低垫高，创造了特殊的人工地形，即所谓桑（蔗）基鱼塘和垛田。前者呈框状，主要分布在广州、东莞、番禺、顺德等地，原来是池内养鱼，围岸种桑（蔗），蚕粪喂鱼，河泥肥地。现在已被果基、花基、草基鱼塘取代，并以当地山水资源和自然景色为依托，以农业为旅游主题，开发农业生态观光园[25]。后者呈垛状，主要分

图 1–13 里下河“垛田”（崔荣浩 摄）

布在江苏省里下河地区，在碧波千顷的湖荡中，整齐地排列着一条条的垛田，其上种植着各种旱作物。为了把垛田与旅游和地区经济发展融合，前些年已在兴化市建成千垛油菜花风景区（图 1–13）。每逢四五月份，这里油菜花竞相开放，变成一片金灿灿的花海，近万亩的油菜花随风摇曳，宛如无边无际的金色海洋泛起波浪，花香扑鼻，令人心旷神怡，吸引了众多国内外旅游者慕名来这里泛舟赏花，欣赏水乡、垛田、花海独特的人工土壤生态景观，感受一个不一样的乡村清新质朴的泥土气息，也许这些是土地神对人们的馈赠吧！

1.2.8 土壤的材料和支撑功能

土壤物质作为建筑材料，特别是制成砖瓦用于各种类型的建筑物在我国历史悠久。几千年来，中国砖木结构为主的建筑群和楼宇都离不开土壤烧制的砖瓦。我国的万里长城以及周边长 35.2km 的南京明城墙也多以土壤烧制的城砖为基础。除此之外，也有直接将土壤用于建筑的，通常所称的“砖红壤”，即是以高度风化的铁铝土作砖使用。我国海南岛琼东烟塘市，将古砖红壤层，琢成大型砖块，砌成墙垣。华东一些地方以变性土中的砂姜筑成围墙（图 1–14）。

土壤作为城市的支撑者，随着城镇化的进程，其功能也发生深刻的变化。农

图 1–14 以变性土中的砂姜筑成围墙（山东）

村变为城镇，除少数绿地外，农用地变成了建筑物或封闭的路面。从世界范围看，1980 年世界城市人口比例为 41.3%，其中发达国家为 70.9%，而发展中国家平均为 30.1%。在世界上，除纽约、伦敦、柏林、巴黎、东京等国外大城市外，我国城市人口在 1000 万以上的有北京、上海、天津、重庆、广州等城市。占地球面积 2% 的城市，消耗着地球 80% 的资源。除了经济效益外，城市化的结果导致耕地减少、地表径流增多和土壤污染加剧。

土壤承托着城市的建筑群，承受越来越大的压力。一般 18 层以上称为高层建筑，100m 或 30 层以上称为超高层建筑或摩天大楼，其中迪拜塔有 162 个楼层，总高 828m，位居世界第一，接下来是上海中心大厦，高 632m。虽然，高楼节约了土地，但增加了土地承受压力，而且还需要面对防雷、防震、防撞的挑战。

1.3 土壤功能的改变

土壤是陆地生态系统的主要部分，土壤形成过程对全球变化存在响应和反馈。随着成土条件和土地利用改变以及土壤污染等，土壤功能也发生改变。

1.3.1 成土条件的改变

温室效应　温室效应的发生，最明显的表现是冰川退缩和雪线上升，原有的冰冻圈快速改变，冻土或成为新成土[26]；同时，随着海平面的上升，原先由滨海盐土或潜育土组成的土壤圈被海水浸渍而进入水圈变成湿地。长江三角洲及其毗邻地区预期到 2050 年相对海平面可能上升 25~50cm[27]。

新构造运动　新构造运动使土壤的地理位置发生改变，从而使土壤类型发生改变，如森林土壤变成草原土壤等[28]。

沉积过程　将原有的土壤埋藏成为古土壤，从而改变其在土壤分类上的位置。如黄土高原埋藏的古土壤成为指示气候的代用指标[29]。

1.3.2 土地利用的改变

土壤类型是土壤运动过程中静止的相对瞬息。土壤类型的改变发生在几万年、几十万年甚至更长的时间尺度上，而土地利用的改变则在几十年或上百年的时间尺度上，亦即在人为作用下，土壤的功能可以迅速发生变化[30]。

森林砍伐　森林遭砍伐沦为草地，改变了原有生物物质的循环，改变了森林保护环境的功能。

开辟为农地　从自然过程改变为人为过程，特别是在人工施肥、灌溉和耕作的情况下，极大地改变了自然的物质和能量的循环过程。土壤的生产功能也可能因土壤管理不当带来化肥和农药污染。

农地改变为城市　农地的生物循环，改变为土壤被城市建筑物所覆盖，地面被封闭，土壤不再具有生产的功能，而只有承载和承压的功能[31]。

1.3.3 土壤退化

土壤退化过程，如水土流失、荒漠化、盐渍化、酸化等，对土壤的质量产生重要的影响，包括土壤物理、化学和生物学性质的改变，土壤结构的破坏，土壤有机质含量下降，土壤养分供应能力降低，土壤微生物的多样性和功能发生退化，这些变化都将使土壤的功能退化。

由土壤退化引起的土壤功能下降不但影响土壤自身，还将对生态与环境产生不利影响，如生物多样性下降，地表水和地下水质下降，温室气体排放加速等。

1.3.4 土壤污染引起的改变

土壤污染包括严重的土壤退化导致土壤生产功能的丧失，污染物质的填埋可能影响地下水，污染物的焚烧可能导致空气污染，生物修复固然很好，但十分缓慢且并非高效。

总之，土壤的功能是多方面的，只有全面了解土壤功能，并动态地认识土壤的功能，才能趋利避害，把握土壤的功能，更好地发挥土壤的有利功能。

参考文献

[1] Докучаев В В. Русский чернозем. С. Петербургъ, 1883: 1–640

[2] 于天仁，季国亮，丁昌璞，等．可变电荷土壤的电化学．北京：科学出版社，1996: 1–8

[3] 熊毅，李庆逵．中国土壤．2 版．北京：科学出版社，1987

[4] Mattson S. The constitution of the pedosphere. Landbrukshögskolans Ann, 1938, 5: 261–276

[5] Buol S W, Southard R J, Graham R C, et al. Soil Genesis and Classification. 5th ed. Blackwell

Publishing, 2003

[6] 陈怀满，等．环境土壤学．2 版．北京：科学出版社，2010: 18–21

[7] Фридганд В М. О структуре почвенного покрова. Лочвоведение, 1965, 4: 15–28

[8] Ibáñez J J. The background of pedodiversity and pedogeomorphic diversity. Pedometron, 1995, 4: 2–4

[9] Guo Y, Gong P, Amundson R. Pedodiversity in the United States of America. Geoderma, 2003, 117(1): 99–115

[10] Tennesen M. Rare earth. Science, 2014, 346(6210): 692–695

[11] 孙燕瓷，张学雷，陈杰．城市化对苏州地区土壤多样性的影响．应用生态学报，2005, 16(11): 2060–2065

[12] 王辉，张学雷，张薇，等．南京市土壤集合组成及其嵌套性分析．生态学报，2007, 27(1): 220–227

[13] 张学雷．土壤多样性：土壤地理学研究的契机．土壤，2014, 46(1): 1–6

[14] 段金龙，张学雷，李卫东，等．土壤多样性理论与方法在中国的应用与发展．地球科学进展，2014, 29(9): 995–1002

[15] 任圆圆，张学雷．土壤多样性研究趋势与未来挑战．土壤学报，2015, 52(1): 9–18

[16] IPCC. Scientific assessment of climate change. World Meteorological Organization/United Nation Environmental Program. New York: Cambridge University Press, 1990: 81

[17] Edmonds J. Why understanding the nature sinks and sources of CO_2 is important: a policy analysis perspective. Water, Air and Soil Pollution, 1992, 64: 11–12

[18] Houghton J T. Climate Change 1995: the Science of Climate Change. Cambridge: Cambridge University Press, 1996

[19] Eswaran H, Vandenberg E, Reich P. Organic–carbon in soils of the world. Soil Science Society of America Journal, 1993, 57: 192–194

[20] 于东升，史学正，孙维侠．基于土壤数据库的中国土壤有机碳密度和储量研究．应用生态学报，2006, 16(12): 2279–2283

[21] Lal R. World soils and the greenhouse effect. Global Change News Letter, 1999, 37: 4–5

[22] 曹志洪，杨林章，林先贵，等．绰墩遗址新石器时期水稻田、古水稻土剖面、植硅体和炭化稻形态特征的研究．土壤学报，2007, 44(5): 838–847

[23] 龚子同，陈鸿昭，袁大刚，等．中国古水稻的时空分布及其启示意义．科学通报，2007, 52(5): 562–567

[24] 扬子旅游．“山有多高，水有多高”南国梯田美景接天．扬子晚报，2011–2–23(B15 版)

[25] 龚子同，黄荣金，张甘霖．中国土壤地理．北京：科学出版社，2014: 478–479

[26] 施雅风 . 中国第四纪冰川与环境变化 . 石家庄 : 河北科学技术出版社 , 2006

[27] 施雅风 , 朱季文 , 谢志仁 , 等 . 长江三角洲及毗连地区海平面上升影响预测与防治对策 . 中国科学（D 辑）, 2000, 30(3): 225–230

[28] 高以信 , 张林源 . 青藏高原古土壤演化与高原隆起的关系 // 龚子同 . 土壤环境变化 . 北京 : 中国科学技术出版社 , 1992

[29] 刘东生 . 黄土与环境 . 北京 : 科学出版社 , 1985

[30] 龚子同 , 张甘霖 . 人为土壤形成过程及其在现代土壤学上的意义 . 生态环境 , 2003, 12(2): 184–191

[31] 张甘霖 , 龚子同 . 城市土壤与环境保护 . 科学新闻周刊 , 2000, 37: 7

第 2 章 土壤的起源与发展

土壤最初是怎样形成的？又源于哪个地质年代？土壤的出现，给地球的自然环境又带来哪些重大变化？让我们先从土壤的载体——地球的诞生说起，然后再看它们之间的相互联系及发展历程。

2.1 地球——人类共同的家园

2.1.1 地球所在太阳系的诞生

一般认为地球诞生于大约 46 亿年前，在这之前地球和太阳系是什么样子，大体上还是基于康德 – 拉普拉斯的星云学说。大约在距今 150 亿年前，在广袤无垠的宇宙中有许多聚集在一起的星际物质聚合体，它们的基本成分是氢和氮以及一些固体尘埃物质。太阳系就是 50 亿年前由这些星云物质收缩、集合、旋转形成的一个扁平圆盘状的星云，其中心密度增大、温度升高，是一个炽热的气体火球，这就是原始的太阳，而围绕太阳旋转的各外层物质也逐渐凝结，形成质量小密度大的类地行星（水星、金星、地球、火星）及质量大而密度小的类木行星（木星、土星、天王星、海王星），即 8 大行星（图 2–1），月球则是被地球吸引的另一部分星云物质。[1–4]

2.1.2 地球在宇宙和太阳系中的位置

地球在宇宙中如同“沧海一粟”。太阳系是银河系的一个成员，从太阳系到银河系中心的距离是 30 000 光年，从地球到太阳的平均距离是 15 000 万公里。按距离太阳由近及远的顺序，地球是第 3 颗行星；按行星绕太阳的轨道关系，地球的“左邻”

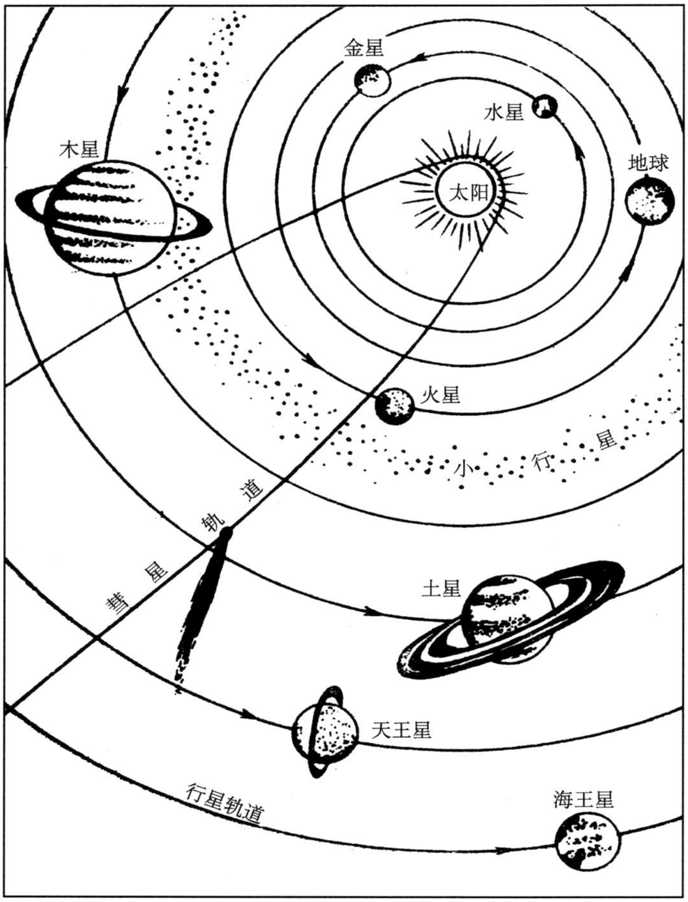

图 2–1 太阳系示意图[4]

是金星，“右舍”是火星。在太阳系 8 大行星中，地球具有其他行星所不具备的优越条件。[3,4]

（1）地球与太阳的距离适中，使地球能够适量、均匀地接受太阳辐射（在大气与水共同作用下），地表平均温度为15℃左右；地球上有液态水，并出现有结构的土壤，非常适合生物生长。水星和金星离太阳太近，所接受太阳辐射分别是地球的6.7倍和1.9倍，以致表面温度太高。木星和土星离太阳较远，所接受太阳辐射分别只有地球的 4% 和 1%，表面温度太低。

（2）地球质量适中，体积虽不大，密度却较高，由重元素组成，表层比较坚硬，可储存液态水。在地球引力作用下，气体、液体被紧紧吸引在地球周围。

（3）地球上大气以氮气和氧气为主，高层大气在太阳紫外线作用下形成臭氧层。

低层大气有利于生物和人类生存发展，高层大气中的臭氧吸收了绝大部分太阳紫外辐射，使地球上生物不致遭到致命伤害。

（4）只有地球上有生命活动，其他星球至今尚无有生物的报道，更没有人类。因此，地球是太阳系中唯一的一颗“文明星球”。1972 年在瑞典斯德哥尔摩召开的“人类环境会议”上，提出“只有一个地球”的口号，标志着人类对环境和资源问题的觉醒。

2.1.3 生命从原始海洋里孕育

地球形成初期是一个没有生命的世界，在原始大气中出现了甲烷、二氧化碳、氨、氮气及水蒸气、硫化氢、氰化氢等简单物质。由于当时缺氧，天空没有形成臭氧层，太阳短波紫外线直射地面。那时天空赤日炎炎，地面上火山喷发，熔岩横溢，烟尘滚滚。在电离辐射、闪电、火山、高温和局部高压等因素长期作用下，上述无机物以及地球内部冲出的金属化合物不断地化合与分解。在 38 亿 ~35 亿年前就形成了各种各样的有机小分子物质，如氨基酸、核苷酸、单糖、甘油、脂肪酸、嘌呤和嘧啶。这些简单的有机物质通过雨水，经由河流和湖泊，最后汇集在原始海洋中，使原始海洋变成了含有各种有机物的有机溶液。

这些物质在原始海洋里，继续不断地发生化学反应，逐渐由简单的有机小分子物质聚合成生物大分子物质，由生物大分子组成多分子体系，最后有些多分子体系终于产生出新的生命特征——蛋白体的新陈代谢和核酸的自我复制，于是从无生命的物质转化为生命有机体。这些原始生命处于原始缺氧的地球表面，由于它们本身

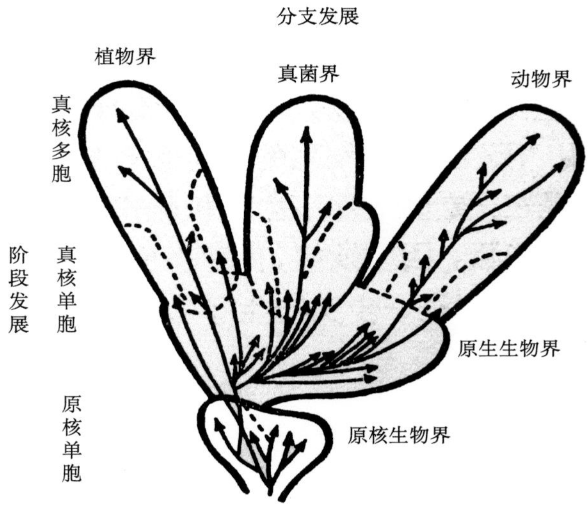

图 2–2 魏泰克五界系统简图[1]

还没有完备的结构和功能，原始生命很容易被太阳发出的各种射线破坏。经过不止一次的产生、破坏，当地球发展到一定阶段，原始生命终于生存下来。又经过漫长的岁月，它们的结构更加复杂和完善，才逐渐由原核单细胞发展为真核单细胞和真核多细胞；而后再分为原核生物界、原生生物界、植物界、真菌界和动物界（图 2–2）。1979 年我国学者陈世骧和陈受宜建议把病毒、细菌和蓝藻作为独立的界，变成六界。[1]

2.2 土壤观念和认识的发展

土壤是什么？人们从外太空遥望地球，透过大气层可看到覆盖于地球陆地表面的土壤及生长于其上的植物。随着航天科学的发展，人们开始从地球系统观点来认识土壤。20 世纪 60 年代苏联土壤学家首称土壤为土被；1967 年创刊的国际土壤学会杂志称之为地球的皮肤。而我国早在唐代就把土壤称为“地皮”，虽然对土壤的理解相同，但在时间上大约要比西方学者早得多。土壤的系统发育有漫长的历史，阿诺德（R. W. Arnold）等认为土壤的形成发育大致始于寒武纪到志留纪，迄今已经历了 4 个阶段：原始阶段（弱生物发生）、零星阶段、断续阶段和连续阶段。随着自然科学的发展和土壤研究的不断深化，对土壤的认识也在不断发展。有些星际地质学家已把星球表面由灰尘、分解矿物和其他矿物构成的疏松物质称为土被层或土壤。把土壤放在整个自然界（宇宙）中去认识，让土壤科学有更广阔的发挥空间。

土壤的概念有广义和狭义两种：即生命出现前的土壤和生命出现后的土壤。[5–7]

2.2.1 生命出现前的土壤

广义的土壤是指生命（生物）出现前的地球、月球和火星等表面的土被层，统称为星球土壤。那时候，地球的自然环境单调，原始大气缺乏氧气，不存在臭氧层，陆地水以酸性水占优势，也没有生物。地壳的坚硬岩石机械崩解破碎后，并不改变原有矿物结晶结构和化学成分，只是一种单纯的物理风化作用形成的砂粒、碎石，同其他星球一样死寂荒凉。根据已知的资料，月球、火星上的土壤主要是由早期的火山灰和大量陨石撞击月球或火星溅起的灰尘形成的，早期火星可能曾有过生命[8]。矿物学鉴定显示，火星部分土壤与夏威夷冒纳凯阿（Mauna Kea）火山周围土壤相似，有“地球味道”。月球尘土能悬浮在地表上方，具有一定的黏性，能附在航天器和设备上；月球土壤易碎，能够磨损金属和玻璃表面；月球土壤虽充满化学活性，但导热性能很差，在直射阳光下地表温度可达 160℉，但地下 2m 的温度却只有零下 40℉；一个月昼或月夜相当于地球 7 天；月球岩石含有地球上全部元素和 60 种左右的矿物；月球上的稀有金属储藏量比地球还多，还有丰富的氦-3，利用氚和氦-3 进行氦聚变可作为核电站的能源。这些物质和科学资源都是人类生存和发展所必需的。人类走向无垠的太空是一种必然趋势。先建立太空农场，进而从地球到火星建立永久人类定居点。

2.2.2 生命出现后的土壤

狭义的土壤主要指地球表面陆地上能够生长植物的疏松表层，这也是中国古代和近代土壤科学的传统理念。它是岩石风化物（成土母质）在生物、气候、地形等综合作用下形成和发展的。土壤体由矿物质、有机质、水分（土壤溶液）、空气（土壤空气）和包括微生物在内的土壤生物等组成。土壤质的特征是具有不断供给植物水分和养分的能力，即肥力。自人类开创农业以后，土壤即是农业生产的基本生产资料之一。人类的农业生产活动，在耕地上，不仅影响着土壤形成的方向和过程，也直接改变着土壤的某些性质。20 世纪 80 年代初期，西欧、北美和大洋洲等许多发达国家出现粮食过剩，国际土壤科学的研究方向发生了转变。土壤不再仅被视为生产粮食的基地，人们关注的焦点不再局限于食物产量，而是更加重视食物的品质和生产过程对土壤资源本身及环境的影响，研究重点转向提高食物品质、保护生态环境、可持续发展和促进人类健康。[3,5,6]

2.3 土壤起源与发展

2.3.1 土壤在地球系统中的地位

土壤是覆盖于地球表面连续的一层疏松土状物质。1938 年马特森（S. Mattson）根据物质循环的观点提出土壤圈的概念，把土壤形成与全球变化联系起来。在地球发展史中，土壤圈是继原始的岩石圈、大气圈、水圈、生物圈之后，最后出现和形成的自然圈层。土壤圈处于上述圈层的交接面上，既是地球生态系统的组成部分，又是各圈层综合作用和协同进化的产物。由于独特的位置和作用，土壤圈成为地球系统中物质循环、能量转化和积聚最活跃、最富生命力的场所，有机界与无机界联系的中心环节，同时也是连接地球系统各个圈层的纽带（图 2-3）。土壤圈与其他各圈层之间存

在着十分密切的联系和制约关系，对它们的形成、转化有深刻的影响。[6,7]

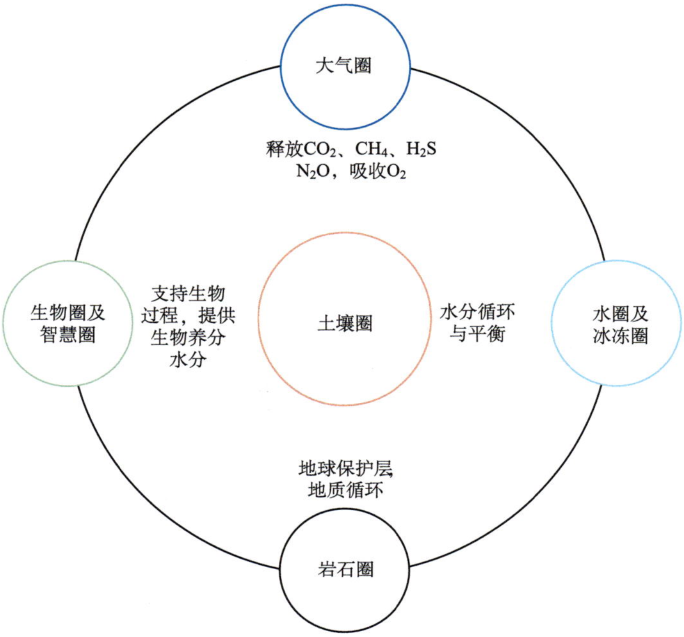

图 2–3　土壤圈与岩石圈、大气圈、水圈、生物圈的关系[7]

1．对岩石圈的作用

作为土壤母质的来源，覆盖在岩石圈上的土壤犹如地球的“皮肤”，对岩石圈有保护作用，可以减少各种外营力的影响和作用。

2．对大气圈的作用

土壤是个复杂的多孔介质体系，与大气圈存在着频繁的水、热、气交换与平衡，影响了大气的化学组成、水热平衡。土壤从大气中吸收 O_2，释放 CO_2、CH_4、H_2S 和 N_2O 等温室气体，对空气质量和全球气候变化有明显影响。

3．对水圈的作用

土壤的高度非均质性会影响降水在陆地和水体的重新分配、水分循环和水分平衡；同时也会影响水圈元素的地球化学行为和化学组成，进而影响地表水和地下水的水质。

4．对生物圈的作用

土壤是人类和其他生物生存环境的重要组成部分和栖息场所，它支撑和调节生物过程，提供植物生长的养分、水分与适宜的物理和化学条件，制约自然植被的空间分布和演替，影响元素的生物地球化学行为，同时保持生物多样性，对地球系统的稳定有重要作用。由于土壤中存在一些限制因素，有时对生物也会起不良影响。因此，土壤在地球中具有特殊的地位。

2.3.2 土壤形成条件

影响与控制土壤形成和发育的成土条件可分为自然因素和人为因素两大类。自然因素有母质、气候、生物、地形及时间5种；人为因素是指人类的生产活动[3,7,9]。这6个成土条件各具特点，性质不同，但都共同控制着土壤的形成与发育过程、土壤形态和性质（图2–4）。

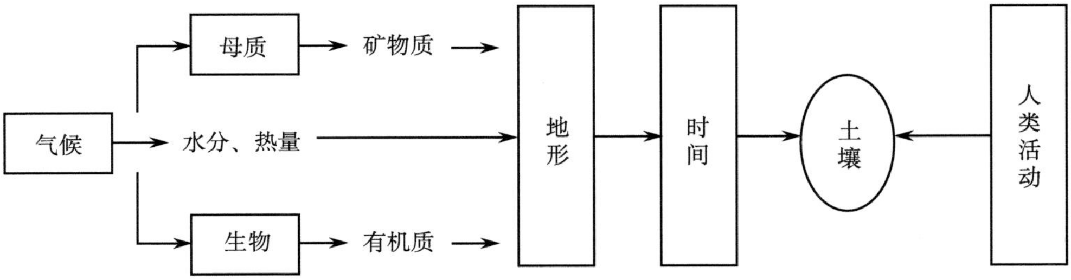

图2–4　土壤形成条件及其相互关系

1．母质

母质是构成土壤矿物质，提供植物所需营养元素的物质基础。岩石风化后的疏松物质可以停留在原处很长时间，也可由外力移至他处，形成残积母质和运积母质。运积母质根据搬运介质和沉积环境的不同还可续分。

对原位风化形成的残积母质来说，土壤特性多受下伏岩石的影响，在土壤形成初期尤为强烈，其在矿物组成、质地、化学成分、物理化学性质等方面都继承母岩与母质很多特性。其中最重要的是成土过程的速率和方向影响，例如，同处亚热带地区，石灰岩因富含钙盐基离子，延缓土壤中盐基淋失，形成钙质湿润淋溶土或雏形土；而酸性的花岗岩因盐基含量较少，淋溶速率快，盐基易完全流失，形成湿润富铁土。

对于运积母质来说，土壤继承的主要是由其不同搬运方式和沉积环境形成的特性。如冲积物的特点为土质深厚、质地较好、养分丰富，所以冲积新成土地区几乎都是生产力最高的粮、棉基地。而风积物中的黄土，为钙质胶结的粉砂质土，矿质养分含量较丰富，但结构性差、遇水易分散、抗蚀力很差，又多分布在半干旱区，缺水成为限制土壤生产力的主要原因。

2. 气候

大气温度和降水是全面影响土壤中物理、化学、生物作用方向和进程的条件。土壤一般随着降水和温度的升高，风化作用强度逐渐增强。风化产物的淋溶与淀积作用和性质也发生有规律的空间变化。图 2–5 显示：①与次生黏土矿物由寒带的水云母、绿泥石到热带的高岭石、赤铁矿和三水铝石的变化相适应，土壤的 pH 和盐基饱和度一般也随之降低；②气候决定着自然植被的生长、土壤有机质的加入量与分解量间的平衡。因此，气候与植物协同影响土壤中有机质含量和腐殖质组成。

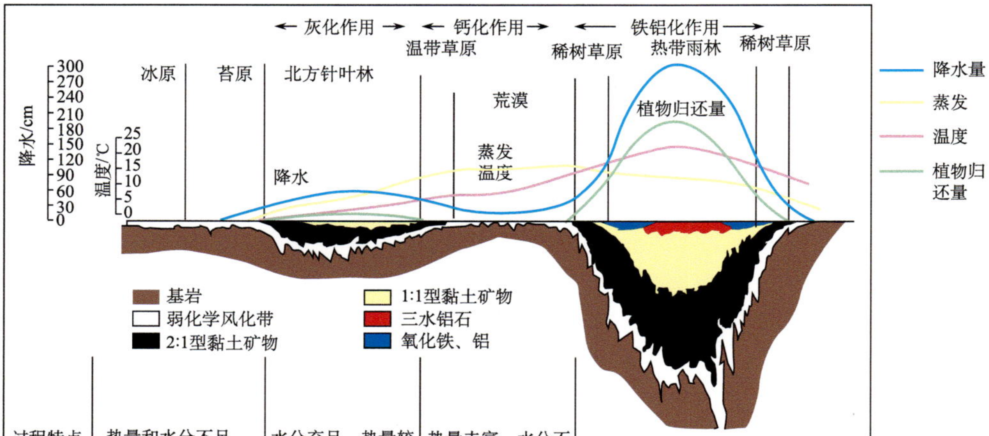

过程特点	热量和水分不足，风化作用不强，淋溶作用很弱	水分充足，热量较低，化学风化和淋溶作用较强	热量丰富，水分不足，风化及淋溶受到限制	高热量，多水分，风化作用迅速，淋溶作用强烈
土壤	冻土	淋溶土	均腐土、干旱土	富铁土、铁铝土

图 2–5 不同气候环境下土壤风化壳的变化[9]

3. 生物

生物（包括植物、动物和微生物）在土壤形成中以自身的生命活动与土壤之间物质与能量的交换参与物质的生物小循环，并形成有机质层，在一定程度上决定了土壤结构和孔隙状况，并且对发展土壤所固有的生物化学环境及其属性起着决定作用。

不同植被类型累积有机质的形式与数量及其化学元素组成与含量存在很大差异，从而影响着土壤形成过程的方向与强度。比较草原与森林植被下面土壤有机质的含量和分布，就可清楚地看出生物因素对土壤特性的影响作用（图 2–6）。

草原的生物量虽不如森林植被大，但土壤有机质含量却超过森林；草原土壤有机质剖面分布暗色 A 层非常深厚，向下逐渐减少。原因是草原生命周期短，每年死亡的茎叶和根系提供相当数量的有机质来源，而森林生命周期长，大量有机质储存在活的植物组织内，有机质主要来自每年归还量不大的地上枯枝落叶，并在地上分解和积累。

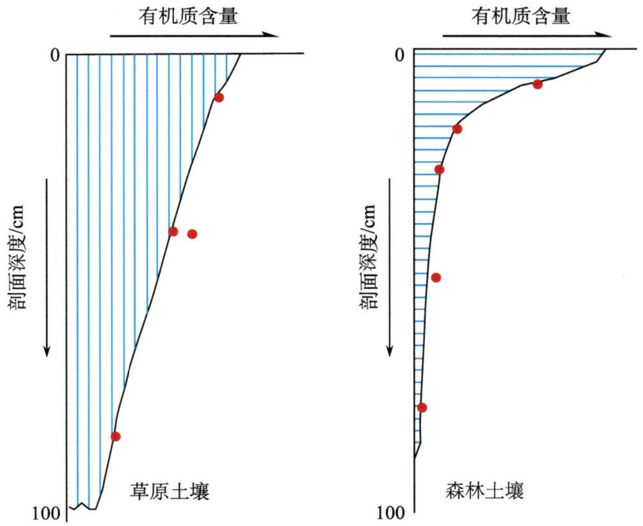

图 2-6 草原与森林下土壤有机质含量与剖面分布比较示意图

4. 地形

地形与母质、气候和生物的作用不同，它与土壤之间并未有物质与能量的交换，而只是通过高度、坡向和坡度影响热量、水分的重新分配和母质的分配，从而影响土壤形成、发育过程。

随着海拔的增加，温度下降、湿度增加，相应的植被出现分异；母质的风化、侵蚀强度、颗粒组成也随高度而有所不同；土壤类型和性状在高度上的垂直变化在高山地区特别明显。

坡向主要影响太阳辐射，阳向坡比阴向坡接受更多的太阳辐射，土温较高，水分蒸发量大，土壤比较干燥，植物也随之出现分异，进而导致土壤有机质含量出现差异。

对于局部地形来说，坡度对土壤的影响最为明显。由于地形、排水和地下水位的差异，同一地貌单元不同地形部位形成一系列不同类型和性质的土壤发生系列，常被称为土链或土壤地形系列（图 2-7）。

5. 时间

时间是土壤形成的一个条件，任何一个成土条件作用的效果，随时间的增长而加强。某一地区的土壤从它开始形成直到现在所经历的时间称为绝对年龄，而由土壤个体发育的程度（原始阶段、幼年阶段、壮年阶段、老年阶段）判定的土壤发育时间称为相对年龄，两者的关系如图 2-8 所示。一般说来，土壤初期发育比较快，随后逐渐缓慢，到老年阶段趋于稳定。如果没有其他地质事件、气候变化或人为活动的影响和干扰，土壤通常会依此进程发展。

新近纪和第四纪。随着白垩纪强烈的构造运动和古地中海的消失，相继形成阿尔卑斯山、喜马拉雅山、落基山和安第斯山等一系列山系。新山系的形成使欧亚大陆产生了东亚季风，破坏了古近纪大气环流行星风系，气候曾有几次较大波动，但总的趋势是从海洋性湿润气候向干冷方向发展。第四纪受冰川多次侵袭，许多大陆和高山冰川覆盖，气温普遍下降，同时受新构造运动影响，喜马拉雅山继续上升至4000m以上，迫使环球西风急流从爬坡为主变为分南北两支绕流为主。这导致我国南方气候湿热，丘陵河谷区有网纹红土沉积；西北地区气候继续干冷，沙漠、黄土出现，干旱气候与草原地带东扩；东南湿润与西北干旱在我国对峙的局面从此形成[1,2,7,10–15]（图2–9）。

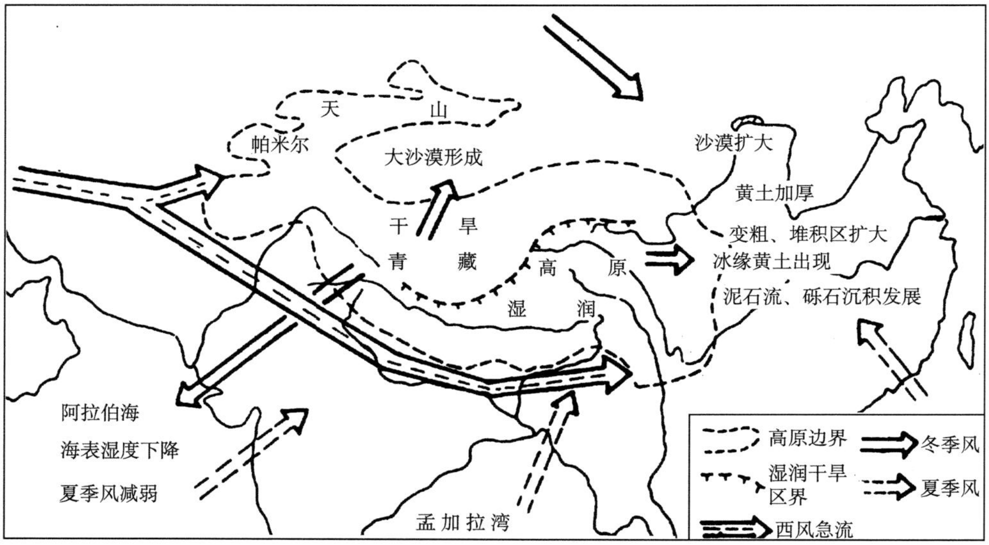

图2–9　中更新世早期青藏高原隆起对我国自然环境的影响[12]

这个时间节点在生物史上又是一个显著变化的时期，全球初现四季分明，大气状况已演化成为今天人类所需的大气。裸子植物许多种类灭绝，出现了新兴的被子植物、大量的草本植物和灌木。草本植物比木本植物更具生命力，分布更广。它们刚出现时为双子叶植物，后来在不利的自然环境变迁中演化成单子叶植物。在单子叶植物中又分出与人类生存极为密切的禾本科植物，如狗尾草、画眉草、黑麦、小麦、水稻等，它们都是新生代末期才进化出来具抗逆能力的多倍体植物[1,2,7]。

白垩纪以来，我国土壤就开始向着4个方向演化。[11–16]

东北地区　古近纪的森林土壤淋溶土及水成土壤有机土和潜育土，向着两条路线演化。淋溶土向新的森林植被下的冷凉淋溶土、灰土、寒冻雏形土、冻土发育；水成土壤有机土、潜育土向草原植被下的湿润均腐土、干润均腐土发育和演化。

华南地区 古近纪大部分时间处于较稳定阶段，气温较现代高得多，红色砂砾岩、红色砂岩和黏土广布。云贵高原地势不断升高，形成硅铝率很低（0.7~1.0）的古富铁土。对雷州半岛和海南岛北部古土壤的研究表明，中更新世玄武岩风化壳上部的古土壤属红壤型、棕红壤型土，中更新世下部的为棕壤型土。晚更新世成土作用较强，达到砖红壤型和红壤阶段。

西北地区 从泥盆世开始干旱土、盐成土、潜育土延续到现在，其中前两种土壤类型之多、性状之独特为世界干旱区所罕见。我国半干旱区的黄土高原，第四纪各个时期黄土保存较完整。在黄河中游从更新世早期到晚期，常可见到多层埋藏土。其中离石黄土属褐土型土壤，马兰黄土为黑垆土型土壤。

青藏高原高寒区 对喜马拉雅山地区中更新世、晚更新世和全新世（亚里期）三套冰碛物中古土壤的研究表明，北坡冰碛平台的埋藏土为褐红壤型土壤；现代冰川谷地冰碛丘陵的埋藏土为褐土型土壤；全新世冰碛物中的埋藏土为棕毡型土壤。

与上述土壤类型与组合的形成和演变相适应，土壤空间分布的结构和格局也更加复杂而多样化。在东部季风区，从南到北以温度为主导因素的土壤纬向分带；在温带范围内，从东到西以水分为主导因素的土壤经向分带；在青藏高原，从东南向西北综合温度和水分条件的土壤垂直分带已经形成。由此可见，土壤的发生、演化并不是偶然发生的，而是大自然的产物。从天文到地质、岩石，从大气到水体，从海洋到陆地，从植物到动物等，都是在时空上按一定规律演化结合的结果。其形成的各个环节既不能割断，也不能提前，是一个由远及近、由孕育到成熟、由低级到高级、循序渐进的连续发展过程。

参考文献

[1] 北京自然博物馆 . 生物史图说 . 北京 : 科学出版社 , 1982: 3–112, 301–345

[2] 丁照 . 理解自然——文明起源自然背景初探 . 北京 : 清华大学出版社 , 2004: 1–369

[3] 上海辞书出版社 . 地理学词典 . 上海 : 上海辞书出版社 , 1983: 1–804

[4] 雍万里 . 地理 . 北京 : 高等教育出版社 , 1986: 1–30

[5] 龚子同 , 等 . 中国土壤系统分类（理论・方法・实践）. 北京 : 科学出版社 , 1999: 1–22

[6] 龚子同 , 张甘霖 , 黄荣金 . 中国土壤地理 . 北京 : 科学出版社 , 2014: 93–96

[7] 李天杰 , 宁大同 , 薛纪渝 , 等 . 环境地学原理 . 北京 : 化学工业出版社 , 2004: 1–489

[8] 欧阳自远 . 火星可能曾有过生命 . http://news.sciencenet.cn/htm/newes. [2014–12–9]

[9] 刘南威 . 自然地理 . 北京 : 科学出版社 , 2001: 460–474

[10] 北京地质学院地史教研室 . 地史学教程 . 北京 : 中国工业出版社 , 1962: 1–316

[11] 中国科学院《中国自然地理》编辑委员会 . 中国自然地理 · 古地理（上册）. 北京 : 科学出版社 , 1984: 1–231

[12] 孙鸿烈 , 张荣祖 , 等 . 中国生态环境建设地带性原理与实践 . 北京 : 科学出版社 , 2004: 1–342

[13] 马溶之 . 中国黄土之生成 . 地质评论 , 1944, 9(Z2): 207–224

[14] 刘东生 , 张宗佑 . 中国的黄土 . 地质学报 , 1962, 42(1)

[15] 龚子同 , 陈鸿昭 , 刘良梧 . 中国古土壤与第四纪环境 . 土壤学报 , 1989, 26(4): 379–387

[16] 高以信 , 陈鸿昭 , 吴志东 . 西藏高原古土壤与高原隆起的关系 // 青藏高原隆起的时代、幅度和形式问题 . 北京 : 科学出版社 , 1981: 90–101

第3章 土壤与人类社会发展

土壤、土地和人类都是自然历史发展的产物，土壤与土地的概念仅在含义上有狭与广之别。“土者，地也”，土壤是地球表面陆地上能够生长绿色植物的根基，也是土地灵魂的塑造者。当土地失去疏松的土壤层时，植物便无法继续生长，土地就失去了生机，变成死寂荒凉的荒漠。土壤是人类的“摇篮”和赖以生存和发展的物质基础，人类自诞生之日起就与土壤有密切的关系，人类与土壤始终处于相互影响、相互作用的过程中，它们构成以人类为主体的人土关系。人类对土壤影响的性质和程度将涉及土壤结构和功能的演变及其反馈效应，并随人类社会的发展和时代变化而发生变化。深化对人类社会发展历史及其规律的认识，是人们破解人地矛盾，阔步走向未来的关键抉择。

3.1 从人类的起源说起

人类与其近亲类人猿都来自共同的祖先——森林古猿。从古猿进化成人类是一个相当漫长的时期。在3600万年前，自然环境发生深刻变化，使古猿发生分化，有的因不适应环境被自然淘汰；有的在迁徙中找到新森林，继续适应森林环境，成为现代类人猿；其中一些具有较高智力和适应能力，脱离森林，逐渐习惯地面生活，通过劳动，完成了从猿到人的演变。下地后的古猿虽然身上仍保留较多猿类的特征，但已能使用树棍和制造粗笨的打制石器，从事采集、狩猎，知道用火取暖，和野兽斗争，因此叫猿人，如我国北京周口店的北京猿人和南京的汤山猿人。据近年来古人类起源研究的许多化石证据推测，人类起源可能始于350万年前的新近纪，从此，地球历史开始由生物时代进入了人类时代[1-3]，这也是第四纪开始的重要标志。

猿人之后，到旧石器时代中期，地球上的原始人类叫古人，我国有山西的丁村人、湖北的长阳人和广东的马坝人。这些古人的体质比猿人有所进步，已经能够打制有较好的尖和刃的石器，狩猎犀牛等大动物，采集野果、植物块根，摩擦取火，住山洞和悬崖下。

旧石器时代晚期和新石器时代早期的原始人类叫新人，分布更广泛，我国主要有北京的山顶洞人、四川的资阳人、内蒙古的河套人、广东的柳江人。这些新人和现代人几乎相同了，并已有人种的差别，使用的石器比古人更广泛、更精致，会钻木取火，并已发明了投矛、弓箭等复合工具，会制造陶器，用骨针缝制兽皮，还驯养动物，栽培植物。

3.2 早期社会

3.2.1 原始社会从采集狩猎到栽培植物

大约在距今 10 万 ~ 20 万年以前的旧石器时代，气候暖湿，各种动植物很兴盛。人类利用简陋的木棍和石器工具，依靠集体劳动，过着以采集现成的天然产物为主兼狩猎的生活，在与自然界作斗争中生存和发展。人口的增长受到种群增长规律、食物资源和环境的制约，人口增长缓慢，密度极低，且居无定所，散布于各地[3]。到距今七八千年前的新石器时代晚期，在黄河和长江流域等地居住着人类的祖先，那时人们学会了靠人类的活动来增加天然产物。在利用自然界过程中，人类对动植物有了进一步了解，加之不断改进石器（图 3–1），创造了效率更高的复合工具，能猎获和采集更多的动植物，进而开始了动物的驯养和植物的种植。从狩猎到驯养动物，从采集到栽培植物，是人类发展史上的一次飞跃。那时地广人稀，人地关系的调节主要依靠人口迁移解决食物的不足和恢复自然生态平衡。人类干预自然界的能力很小，对生态环境的影响并不大。

一般认为，作物驯化出现和真正意义上的农业最早或许发祥于两河流域的美索不达米亚（Mesopotamia）平原，即现在的叙利亚、土耳其、伊拉克接壤的“肥沃新月”地带（Fertile Crescent），以单粒小麦、双粒小麦、大麦、豌豆、扁豆等的种植作为重要的标志[4]。研究者认为，或许是大约 10 000 年前新仙女木时期出现的相对寒冷干燥的气候事件（the Younger Dryas episode）促使人类结束游牧生活，不得不定居生活，从而促进了农业的出现。

与此相对应的是，世界上最早的水稻种植很可能起源于长江中游的温暖潮湿地区，即在今天的广西到湖南中部一带，最早的稻谷遗存距今已有 1 万年[5]。随着稻作文化的逐渐扩散，水稻种植逐渐向长江下游扩展，河姆渡就是该地区典型的稻作文化遗址，距今约有 7000 年的历史。

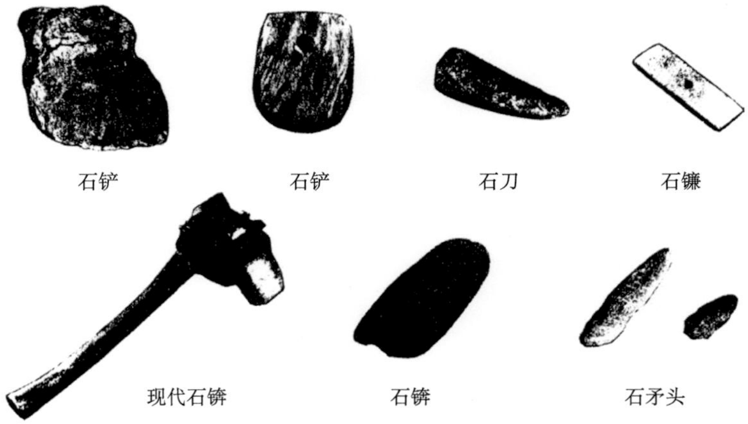

图 3-1 新石器时代的石器工具[1]

3.2.2 奴隶社会产生粗放农业

我国的土壤开发和农业生产最早是从黄河中下游的冲积新成土上发展起来的。南方的亚热带丘陵地区也是稻作农业发祥地，但在 1 万年前相对人口稀少。黄河中下游是松软的粉砂质黄土分布区，黄河支流渭河、泾河、洛河和汾河河谷开阔平坦，土层深厚，疏松肥沃，易于耕作，故成为我国最早最集中的旱作农耕区，并孕育了夏、商、周 3 个奴隶制国家。当时，贵族作为奴隶主占有生产资料，为达到自己不劳而获剩余产品的目的，对农业生产也予以更多的关注，除驱使奴隶们用简单协作的方法从事大规模农业生产和饲养成群家畜外，也采取一切必要的劝农、救荒、赋役的政策和措施，促进农业生产力的发展[6]。加上借青铜制耒耜（图 3–2）的帮助，利用人力进行“耦耕”，由刀耕火种撂荒式耕种改成农田基本固定撂荒耕种方式，兴修水利工程，发展灌溉技术，并建立沟洫制度[7]。提高了土地利用率和农业生产力，促进了经济和文化发展潜力，增强了对土壤开发的广度和深度，出现了农、牧兴旺的局面，使原始农牧业过渡到粗放农业时期。到公元前 11 世纪中期，位于泾、渭河流域的西周，攻伐商纣，兵力所到之处，开拓耕地，农业较之殷商时期进一步发展(图 3–3)。作物有稻、黍、麦、菽、稷、粟、麻、桑、瓜、果等，这些作物基本上延续至今[8,9]。

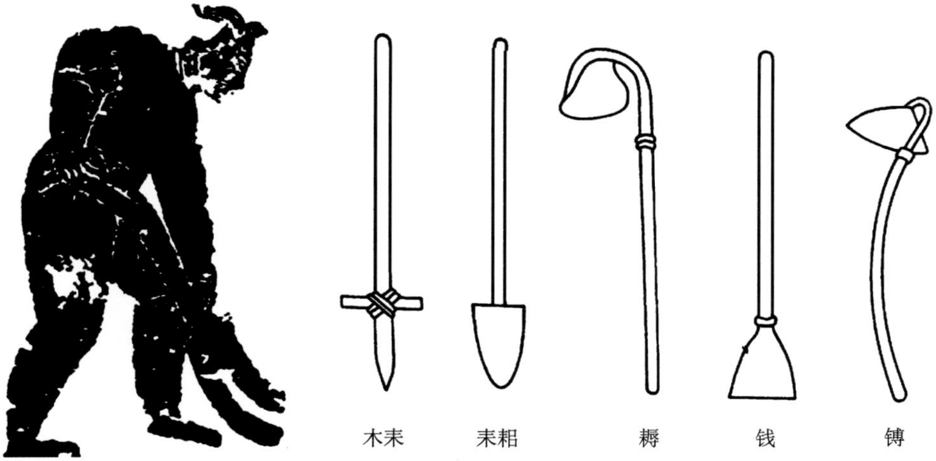

图 3–2 夏、商、周时期土壤耕作的农具（引自章楷《中国古代农机具》）

3.2.3 顺应自然，敬畏土壤

在远古的原始氏族社会，我们的祖先受食物资源和环境的制约，只能顺应自然，同时又受认识程度和支配能力的限制，不仅不能把自然界与人类社会明确分开，而且在面对神秘莫测的自然力和氏族之间争夺土地的战争面前，产生了敬畏和守护超自然物的信仰以及生殖崇拜、图腾崇拜等心理，这是不足为奇的。那个时期人们已认识到是土地为人类提供了衣、食和动植物。因此，对土地怀有感恩之心，同时由于相信万物有灵以及对土地生产过程的不理解，就对土地、植物、动物作为一种神秘的自然物顶礼膜拜。原始氏族社会时期人们生活的基本需求是获取生存所需的食物和繁衍后代。人们在生产和生活中见到和接触最多的是动物和人的性别，所以生殖崇拜非常突出，并反映在原始石器、陶器及原始文字等史前文明上。还创作了神话传说，其中开天辟地的神盘古氏、创造人类的神女娲，以及向来被尊崇为中华民族人文始祖的炎帝、黄帝就是中华民族童年时代神话传说中的代表人物。因此，中华民族自称为炎黄子孙[10–12]。

到了奴隶社会，国家产生以后土地开发和农业生产比原始氏族社会进步得多，但毕竟当时生产力尚低，生活条件艰苦，人们仍然敬畏土壤和其他自然物，祭拜天地自然和祖先，祈求风调雨顺、五谷丰登、阖家平安，全国性的土地神崇拜便应运而生，因为对土地之神的信仰是和农业生产联系在一起的。那个时期祭拜土地神十分隆重，上自天子，下至百姓都要参与，时间也有讲究，一般选在每年播种、收获时。最早的祭拜方式比较野蛮，一些地方有杀人祭地的习俗，后来才改用猪、羊、鸡、鸭、果蔬、酒饭之类的祭祀品，祭拜完毕后，分发一空，各自回家享用[12]。

3.3 农牧业发展以后

我国从春秋战国时期实现了由奴隶社会到封建社会的过渡，促进了土地开发利用和社会经济发展。但由于农业自然条件以及社会经济因素的差异，以后的发展就从以前的黄河中、下游地区，逐渐由北向南，由西向东，近百年来再扩展到西北、东北边境地区。在长达2000多年的封建社会，大体可分为前、中、后3个时期。

3.3.1 前期土壤开发，产生传统农业雏形

公元前475 ~公元前220年为春秋战国时期。当时我国大部分地区气候暖湿，亚热带北界较现今北推约2个纬度，黄土高原与黄淮平原的水热条件与如今的江淮平原相当，气候温暖，水源充足，宜于农业，而长江流域却是林莽茂密、沼泽遍地的卑湿之地[13]。

这个时期西周王室衰微，诸侯崛起，新兴的皇族集团为加强自己的经济实力和巩固其经济地位，纷纷实行变法。如魏文侯废沟洫，尽地力；楚悼王损有余，补不足，剥夺贵族特权；秦孝公废井田，开阡陌等，促进了地主与佃农关系的形成，巩固封建的社会关系，便于专制主义的中央集权制度的形成。秦始皇削平六国，一统天下，建立了中央集权的封建国家，结束了中原地区长期战乱和割据的局面。西汉建朝后，汉承秦制，从政治、经济上采取一系列措施，如轻徭薄赋，增殖人口，设常平仓，行均输法，兴修水利，革新农具，奖励“力田”、“垦荒实边”等来发展农业生产，巩固了封建社会经济基础。历经150余年休养生息，掀起封建社会历史上第一次比较长的农业生产高潮，把内地广大农耕区与西域原有种植区逐渐联系起来。东汉时期，屯垦范围日益扩大，除巩固边防的目的外，更重要的是为了战后恢复和发展农业生产，继续在北部扩展农耕区与游牧区之间的过渡地带，即农牧交错区。这个时期农耕区已北抵长城，南迄长江中、下游，西至河西走廊，与新疆南部古老农业区逐渐连接起来。由于铁制农具和畜力的推广使用（图3-3），逐渐产生和发展以旱土“耕－耙－耪（耱）”为中心的精耕细作和轮作制。那时全国人口达5959万人，耕地达5.77亿亩，按人口平均每人占耕地9.69亩，平均亩产140斤，人均占有粮食1355斤（图3-4、图3-5）[7-9]。

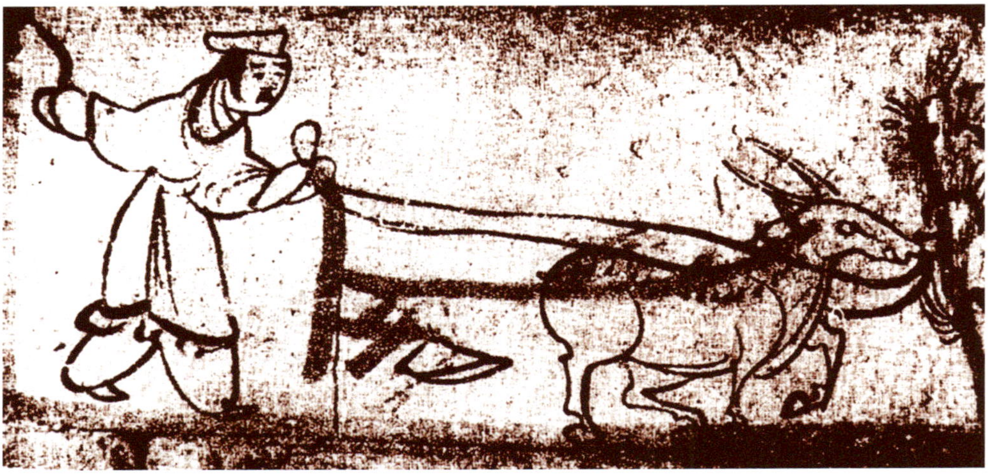

图 3–3 牛拉铁木制的犁在耕地（引自甘肃西晋墓出土画像砖）

3.3.2 中期南方土壤广泛开发，水田农业繁盛

公元 220~1368 年，即三国至元朝为封建社会中期，一方面是气候变冷，亚热带北界较现今南移近一个纬度，因而北方宜于农业的水热条件相应南推到长江流域一带，而作为原始农业发祥地的黄河流域，其水热条件却比现今更为干凉 [13]。另一方面是三国、两晋、南北朝战乱和饥荒、灾疫不绝，人口减少，造成我国历史上“永嘉之乱”后第一次人口大迁移 [7–9]。北方和中原地区百姓大量南逃，使南方人口比汉代增长 2 倍。以皇帝为首的皇族集团为军需国用和安置难民，实行兵农合一，组织屯田，使长江以南、五岭以北广大地区乃至巴蜀各地成为较重要农耕区，生产水平已赶上甚至超过屡遭破坏的北方，但此时东北辽河流域和河西走廊，由于内地居民迁入，种植业加速发展。

隋、唐统一时期，中国的政治经济重心仍在黄河流域。后来屯垦有了较大发展，农业中心区已开始从北方转移到南方，长江下游一带成为全国主要余粮区，由杭州直通首都长安的漕运干线，成为当时统一政权存亡的命脉，但从唐代中叶“安史之乱”到元朝灭亡，黄河流域农业受到战争严重破坏，人口流失，土地荒废，农业生产一蹶不振，而在南方，由于社会环境相对稳定，气候、土壤等农业自然资源组合又较优越，造成我国历史上“安史之乱”、“靖康之难”后第二、第三次人口从北往南大迁移。随着北方人口大规模南迁，农业技术和生产经验也传到南方，如水田耕作的“耕－耙－耖”耕地技术和农具也纷纷创造出来并在生产中应用，使江南水田的水稻生产达到空前繁荣的程度。人口的增加，导致江南原有耕地不敷应用，从而出现“田

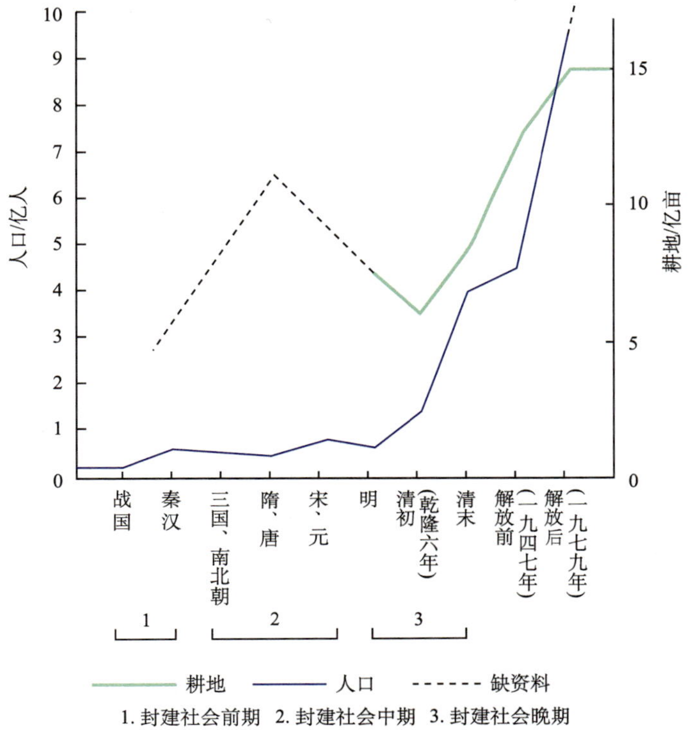

图 3-4 中国历代人口、耕地面积变化图[9]

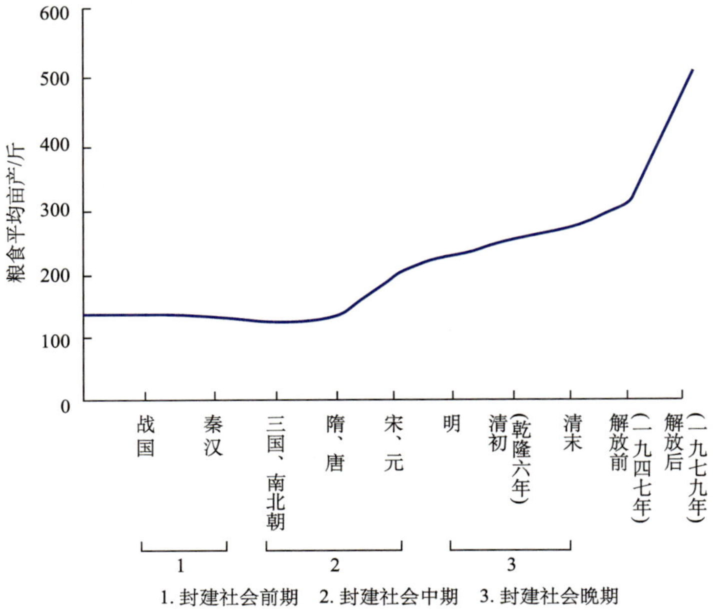

图 3-5 中国历代粮食平均亩产变化图[9]

尽而地”、“地尽而山”，到处开荒的局面，土壤资源得到空前开发（图 3–6）[7]。当时全国人口已达 7681 万人，粮食平均亩产达 220 市斤（图 3–5），比隋唐时期都有很大提高，全国的农耕中心已明显地由北方转移到南方。元代虽然也比较重视恢复被破坏了的黄河流域的农业，但农业重心——粮仓仍在江南，以杭州为起点的漕运也改通向北京。

3.3.3 后期土壤开发，传统农业发展

封建社会后期从公元 1368~1911 年，即明朝至清朝。在明、清王朝统治的 540 多年中，除这两个王朝交替时期有过一段短暂的全国性战争外，其余时间全国基本上处于统一安定的政治环境下，尤其是清朝的安定结束了中原农业民族与北方游牧、半游牧民族长期兵争的局面，有利于全国范围内的土壤开发、生产发展和南北方农业技术的交流。

明代建朝后，经济比前些朝代有所发展，永乐元年，全国人口约 6659 万人，耕地约 7 亿多亩，按人口平均每人占有耕地 12.7 亩，平均亩产约 250 斤，人均占有粮食 2794 斤（图 3–4、图 3–5）[8]。

到了清代，由于政局稳定、生产的发展，人口迅速增加。从康熙四十七年（公元 1708 年）的 1 亿人，到道光十五年（公元 1835 年）人口猛增加到 4 亿，127 年间，人口增加了 3 倍，其增长数量之多，速度之快，是历史上前所未有的，而耕地的增长远不及人口增长之快。从康熙二十年（公元 1681 年）到咸丰元年（公元 1851 年）的 170 年间，

图 3–6 梯田图（引自《王祯农书》）
丘陵山地，为防水土流失，依山就势，修建水平梯田

耕地面积只增加了40%，人均耕地面积减少了66%，全国性人多地少的矛盾从此形成。土壤资源对农业生产和社会发展的约束性加大。通过连作、间作、套种来发展多熟种植，提高复种指数，集约经济利用土地，用地与养地结合，就成为明、清时期解决矛盾的重要措施。黄河流域推广两年三熟制和三年四熟制，土地利用率提高30%~50%，长江流域推行一年两熟制，闽、粤地区推广一年三熟制，土地利用率提高2倍[7]。还采用粮、畜、桑、殖的经营模式。也有研究表明，自明朝万历年间引入我国的番薯可以广泛种植于坡耕地，对缓解人口增长的压力起到重要作用。

1840年鸦片战争以后到新中国成立前的100多年间，由于帝国主义的侵略，中国由封建社会逐渐沦为半封建、半殖民地社会。当时中国的农业仍然是以落后、分散的小农经济为主体。一方面是小农经济条件下产生的“万物俱全”，另一方面是某些农业区畸形发展了集中程度很高的片面专门化；广大农民除要承担沉重的地租高利贷、工农业品剪刀差和各种苛捐杂税的多种剥削外，还要遭受连年的军阀混战、帝国主义侵略和国民党反动派发动的各种战争的摧残。而且人祸之外，继以连年不断的自然灾害。农村人口不是死于各种迫害和战争之中，就是走西口、闯关东、入（四）川、下南洋，背井离乡，流落各地。由于广大农民普遍贫困，无力扩大再生产和使用先进农具（图3–7、图3–8），更无力抵御天灾和战乱，农业生产水平十分低下；帝国主义各国向中国进行资本输出，建立现代工业，使广大农村成为外国资本主义农业原料的供应地，同时还在中国倾销洋麦、洋面、洋米、洋棉等过剩工农产品，破坏农村经济。加上各地军阀割据，沿途设卡、抽重税，阻碍农副产品正常流通，造成“丰产成灾”、“谷贱伤农”，这些都是旧中国半封建、半殖民地社会的必然反映。

图3–7 龙骨水车

图3–8 木犁老牛耕地

3.3.4 土壤开发在时起时落中前行

我国封建社会的发展是一个以土壤资源开发利用为中心的螺旋形上升过程。当国家或民族的统治者发现当地原有土地耗尽了为他们提供食物并支持他们生存的地力时，为了夺取更肥沃的土地及其生产的物质财富，就对其邻国发动战争，征服与夺取邻居的土地和财物。或者是国家的内部阶级矛盾激化，农民揭竿起义推翻反动的统治阶级。他们利用这样掠得的新土地或夺得的政权，在他们达到自身所能征服的局限之后，由于自身腐败和堕落，就开始衰落，改朝换代，接着又重复发展、衰亡这个基本模式。

我国土地开发波动很大，历代耕地的变化表现为忽起忽落，国家统一、国力鼎盛之际，耕地面积扩大，粮食产量跟着提高。例如在秦汉及其后隋、唐、明、清的全盛时期，耕地均较多，科学技术水平都迅速发展，在世界文化、科技史上产生了重大影响[14]；反之，战乱频繁时，耕地面积就锐减，粮食产量也随着大幅度下降。汉末至南北朝期间，来自北方的战乱或人们过度开垦的破坏造成黄土高原水土流失严重、生态环境恶化。

中国在明代资本主义因素已萌芽，但未能得到应有发展。被世界公认的中国古代四大发明——火药、指南针、印刷术和造纸术，在我国整个社会历史进程中所起的作用并不显著，但当它们传入欧洲以后，却成为推动世界历史前进的有力工具，成为资产阶级兴起的前提[15]。原因是在中国自给自足的自然经济条件下，交换很少进行，手工业和商业缺乏发展所需的市场；广大农民长期束缚在土地上，受封建地主残酷剥削；在封建思想专制和压抑人性的封建伦理支配下，不仅造成整个社会鄙视商业和科学技术的风气，而且把中国人阳刚勇武的血性几乎摧残殆尽，只知道有家，不知道有国，形成一盘散沙。1911 年辛亥革命推翻清王朝建立民国后，又陷于军阀割据、帝国主义嚣张及内战的困境。在这样的历史背景下，中国资本主义生产发展缓慢[16]。

以皇帝为首的皇族集团为了巩固其政治、经济地位，调节社会关系，也发展农业生产，尤其是清代康、雍、乾 3 个皇帝重视学习、吸收汉族农耕文化，有力地促进和深化以精耕细作、用地养地为中心的传统农业。在人口激增必然要求增加耕地时，在内蒙古、东北地区、青藏高原、新疆天山南北和台湾等地开荒垦殖中，也破坏了一些土地和生态环境。

3.4 产业革命以来

18世纪中叶，始于英国的产业革命，随后向欧洲大陆和美国扩展，并影响到许多比较落后的国家或过去的殖民地，标志着世界历史进入工业社会时期[17]。产业革命后，农业进入了以高度集中、高度专业化、高度劳动生产率、高度商业化为标志的集约型农业，即西方称的“石油农业”。产业革命是对社会生产和人类生活产生重大而深远影响的一种技术革命。然而在此期间，中国的工业化却几乎处于中断状态。土壤开发和农业生产到20世纪20~30年代才向近代科学技术过渡。

新中国的建立结束了半封建、半殖民地状态，彻底消灭了封建经济和官僚买办经济，走上了独立的道路，才真正开始现代工农业生产的进程。

3.4.1 现代化道路的探索

1949年，中华人民共和国成立后，旧中国留给我们的小农经济和传统农业不适应社会发展的需要，加上人口激增，迫切要求扩大耕地面积，发展农业生产，增加粮食产量。通过农业合作化，完成了农业从私有制向集体所有制的转变。1957年全国耕地总面积达16.8亿亩，比1949年增长14%，达到历史最高水平[13]。农业生产得到恢复和发展，并初步奠定了我国农业现代化技术准备和国家工业化的基础。1958年以后，由于人民公社、大跃进和“文化大革命”的干扰，全国耕地总面积趋于下降，平均每年减少约1500万亩。1978年全国耕地面积约14.9亿亩。虽然从1958~1966年我国在探索现代化的道路上屡遭挫折，但从总体上看，还是取得很大的成就，为以后土地开发和农业生产持续增长创造了良好的条件。

3.4.2 现代化建设的发展

1978年12月召开的中共十一届三中全会，作出了把党和国家的工作重心转移到经济建设上来、实行改革开放的重要战略决策，标志着中国进入现代化建设的新时期。

当时经济体制的改革，首先在农村取得突破性的进展。1979~1984年这一时期的农业生产综合能力得到迅速发展，粮食产量由1978年的3.05亿吨增长到1984年的4.07亿吨，粮食人均占有量从319公斤增长到393公斤，接近世界平均水平[13]。由于缺乏成熟的经验和理论准备不足，1985年起连续5年农业生产徘徊波动。1990年在总结教训基础上，继续稳定以家庭联产承包为主责任制，发展农业社会化服务体系，引导农业走适度规模经营的道路，使全国农业重新得到高速持续发展，主要农产品总产量的绝对增量超过以往任何历史时期，全国粮食总产量持续增长，实现了农产品由供给短缺到总量供求平衡的历史转变，同时建立了完整的工业体系。

3.4.3 人口激增，科技发展，人地关系尖锐

我国是个发展中大国，经过几十年的努力，人们的生活条件比过去有所改善，这是一个了不起的成绩。尽管20世纪70年代人口已达8.3亿，但由于经济不发达，生产水平低下，土地供需矛盾和污染还不太突出。到2005年，中国经济迅猛发展，工业化和城镇化进程加快，人口也膨胀到13亿，人们对提高生活水平有更强烈的要求，土地资源供需矛盾变得尖锐。加上过度强调经济发展，一定程度上忽视了社会发展与生态文明和谐，有些地方不顾本地条件，毁林（牧）开荒、围湖种田，结果造成自然生态严重破坏。尽管中央始终强调“十分珍惜土地资源”和“环境保护”是一项基本国策，但仍有许多领导对环境保护和可持续发展战略认识不足，因缺乏生态环境保护意识而不能作出正确决策，以致许多地方农村经济的一度繁荣，主要是建立在过度消耗水、土等自然资源和破坏生态环境的基础上。“一方治理多方破坏，点上治理面上破坏”就是对这种严峻形势的通俗概括。

小 结

人类与土壤的关系是人类生存和可持续发展的基本关系。这种关系的演变是一个极其漫长的历史发展过程，也是一个极其复杂的认识过程。这个过程大体经历了三个阶段。第一阶段，早期社会，原始人类凭借木棍、石器等最简陋的工具，过着以采集为主兼狩猎的生活。后来，学会驯养家畜和栽培植物，从原始农牧业过渡到粗放农业；面对充满神秘和变幻莫测的自然现象，产生了敬畏土壤、守护土壤的心理；人地关系调节主要依靠人口迁徙来解决食物不足和恢复自然生态平衡。因此，人土相依，人与自然和谐相处。第二阶段，农牧业发展以后，随着农具的改进和生产实践经验的积累，形成精耕细作和用地养地的农业技术体系，提高了土地利用率和农业生产力。尽管人口总量增长，战争、灾疫对土地造成破坏和占用，引起森林面积减少，但由于经济不够发达，人地关系的矛盾仅出现局地不协调，并不尖锐。第三阶段，产业革命以后，以科技进步为背景而实现农业生产工具、农业技术革新，使土壤开发和农业生产的面貌发生根本变化，但随着人口增长，对土地资源的需求更多，人地关系尖锐。人们已经认识到，要回归自然，建立人土相依、爱土护土的和谐关系，才能实现经济社会可持续发展。

参考文献

[1] 上海自然博物馆 . 从猿到人 . 上海 : 上海人民出版社 , 1973: 1–134

[2] 黎先耀 , 刘思孔 . 生物史图说 . 北京 : 科学出版社 , 1982: 292–318

[3] 李天杰 , 宁大同 , 薛纪渝 , 等 . 环境地学原理 . 北京 : 化学工业出版社 , 2004: 412–420

[4] Lev–Yadun S, Gopher A, Abbo S. Archaeology. The cradle of agriculture. Science, 2000, 288: 1602–1603

[5] 龚子同 , 陈鸿昭 , 袁大纲 , 等 . 中国古水稻的时空分布及其启示意义 . 科学通报 , 2007, 52(5): 562–567

[6] 唐启宇 . 中国农史稿 . 北京 : 农业出版社 , 1985: 1–102

[7] 黄文秀 . 农业自然资源 . 北京 : 科学出版社 , 1998: 1–80

[8] 中国科学院地理研究所经济地理研究室 . 中国农业地理总论 . 北京 : 科学出版社 , 1980: 52–73

[9] 石玉林 , 康庆禹 , 赵存兴 , 等 . 中国宜农荒地资源 . 北京 : 北京科学技术出版社 , 1985: 1–14

[10] 范文澜 . 中国通史简编（修订本第一编）. 北京 : 人民出版社 , 1965: 1–292

[11] 中国科学院文学研究所《中国文学史》编写组 . 中国文学史 . 北京 : 人民文学出版社 , 1963: 3–12

[12] 张岱年 . 中国文史百科（上）（民族卷）. 杭州 : 浙江人民出版社 , 1999: 36–37

[13] 周立三 . 中国农业地理 . 北京 : 科学出版社 , 2007: 50–66

[14] 潘永祥 . 中国古代的科学技术 // 潘永祥 . 自然科学发展简史 . 北京 : 北京大学出版社 , 1984: 41–77

[15] 周嘉华 . 我国古代的四大发明 // 中国科学院自然科学史研究所近现代科学史研究室 . 科学技术的发展 . 北京 : 科学普及出版社 , 1982: 9–15

[16] 林文照 . 中国为什么没有产生近代自然科学 // 中国科学院自然科学史研究所近现代科学史研究室 . 科学技术的发展 . 北京 : 科学普及出版社 , 1982: 16–24

[17] 阎康年 . 第一次技术革命、第二次技术革命 // 中国科学院自然科学史研究所近现代科学史研究室 . 科学技术的发展 . 北京 : 科学普及出版社 , 1982: 70–76, 134–143

第 4 章 土壤学的重大成就

为了宣传“尊重知识，尊重人才”，弘扬中国科学技术专家“献身、创新、求实、协作”的科学精神和高尚情操，中国科学技术协会于 1986 年 6 月在第三次代表大会上决定编辑出版《中国科学技术专家传略》，其中农学编 · 土壤卷 1 和土壤卷 2 分别于 1993 年和 1999 年出版。李庆逵[1]先生在这两卷的前言中指出“就土壤科学而言，19 世纪中叶进入蓬勃发展时期，并取得了辉煌成就：1840 年 J. V. 李比希（Liebig）创立了‘矿质营养学说’，确认植物是依靠吸收土壤中无机养分而生存的，从而结束了长期以来关于植物依赖什么养活的争论。1840~1850 年，H. S. 汤普森 (Thompson) 和 J. T . 韦 (Way) 提出了‘土壤吸附 – 交换学说’。1883 年，俄罗斯学者 B. B. 道库恰耶夫 (Докучаев) 提出了‘土壤发生学说’。1886~1888 年，H. 黑尔里格尔 (Hellriegel) 和 H. 惠尔法斯 (Wilfarth) 证实了豌豆根瘤形成与 N_2 同化作用的关系。这四项成就奠定了近代土壤学坚实基础。”

虽然这些成就出现于 19 世纪，对于这些只能在一些早期文献中才能找到的成就，也许早已被一些土壤学者所淡忘。然而，正是这些成就代表了土壤学发展史上所取得的突破性进展，很大程度上决定了土壤科学发展的道路。其成就的意义在于这是土壤学发展史上所取得的突破性进展，不仅在理论上，而且在实践上产生重大影响；不仅在本学科，而且对相邻学科也产生重要影响。

李比希、汤普森、道库恰耶夫和黑尔里格尔已远离我们；马溶之、熊毅、李庆逵、侯光炯、李连捷、陈华癸、樊庆笙、黄瑞采、陈恩凤、于天仁、朱祖祥、沈梓培等先生也先后离开了我们。追溯上述的重大成就，是对前辈的缅怀和尊重。“古为今用”，我们还可以从这些科学遗产中得到更多的启示。

4.1 李比希的“矿质营养学说”

李比希（J. V. Liebig）（图4–1）是德国化学家，1803年5月12日生于德国达姆施塔特，1873年4月18日卒于慕尼黑。1822年在埃朗根大学获博士学位；1826年任吉森大学教授（图4–2）；1830年当选圣彼得堡科学院通讯院士；1852年任慕尼黑大学化学教授；1860年任德国巴伐利亚科学院院长。他是一个精力充沛和异常勤奋的人，对无机化学、有机化学和生物化学，特别是化学在农业上的应用有重要贡献。1823年发现同分异构现象，1839年提出发酵和腐烂化学理论，1840年在他37岁时出版《化学在农业和生理学上的应用》一书，明确提出植物的矿质营养学说和归还学说[2,3]，认为只有矿物质才是绿色植物唯一的养料，有机质只有当其分解释放出矿物质时才对植物具有营养作用；他还认为，作物从土壤中吸收走的矿质养分必须以肥料形式如数归还土壤，否则土壤将日益贫瘠。该书不仅在科学界产生巨大影响，而且影响了广大农民群众。它是用通俗形式写成的，而以叙述鲜明、批评尖锐和结论大胆著称。因此，有别于专门学术杂志上的论文，也不同于大学课堂上的演讲，成功地宣扬了植物的矿质营养学说。

图4–1 李比希（1803~1873年）

图4–2 李比希在吉森大学的实验室（1845年）

4.1.1 主要成就

李比希著《化学在农业和生理学上的应用》一书。自1840年第一版问世以来已经170多年了，该书曾译成10多种文字，经多次修改和再版，它对农业化学研究的影响极其深远。

（1）否定了“腐殖质理论”。1840年前，泰伊尔坚持植物腐殖质营养学说，此学说认为：土壤肥力和腐殖质是完全分不开的，因为除了水分之外，只有腐殖质才是土壤中唯一能作为植物营养的物质，也就是说植物是依赖直接吸收腐殖质而生活的。这种虚玄的植物营养学观点，统治了将近50年。李比希在《化学在农业和生理学上的应用》一书中指出：当利用动、植物体和动物排泄物所组成的有机肥料时，它们对植物生活所起的作用，不是其中所含的有机物，而是利用这些有机物在分解时形成的无机物质。其后，实验证明李比希理论的正确，从而彻底否定了“腐殖质理论”，引起农业科学理论上的一场革命。

（2）建立了养分“归还学说”。他认为：任何一种作物都会消耗土壤肥力，如果不断地在土壤上栽培作物，而不把前作物从土壤中摄取的那些物质归还给土壤，最后土壤总会变得十分贫瘠，甚至寸草不生。唯一的补救方法是施用矿质肥料，使土壤肥力的消耗与营养物质的归还之间严格保持平衡，这就是通常所称的“归还学说”。马克思给“归还学说”以高度评价：“李比希不朽功勋之一是他从自然科学立场，把现代农业中的消极方面揭示出来了。”

（3）提出了“最小养分律”。认为作物产量的高低决定于最小（也就是最缺乏）的营养因子。如果这个因子得不到满足，尽管其他因子充足，作物产量也不可能提高。这就是通常所说的“短板效应”或“木桶效应”。图4–3是限制因素原理的示意图。桶内的水平面代表作物产量水平（左），氮是限制因素，即使其他元素都很充足，作物产量不会高于氮所控制的水平。当加入氮（右），作物产量提高，直至第二限制因素出现。在图4–3中，就是钾。

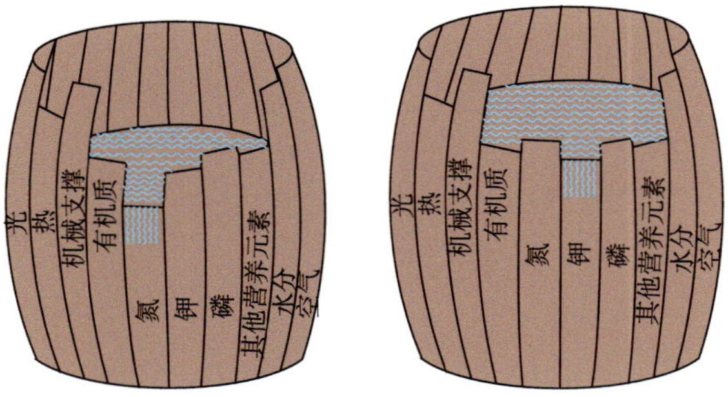

图4–3 限制因素原理示意图

（4）促进了化肥工业发展。1840年以后，陆续研制并生产了一些化学肥料，还进行了一系列的田间试验。但直到1880年以后化肥才开始得到广泛应用。每公顷粮食产量从1840年的800kg提升到1880年的1400kg。这主要归功于化学肥料的施用，其次归功于在轮作中引入了固氮的豆科植物。

4.1.2 国内外影响

1．在欧美的影响

李比希《化学在农业和生理学上的应用》一书出版影响很大，1948年以前，该书已有德、法、英、美、丹麦、荷兰、意大利、波兰、苏联九个国家的17种版本出版。同时，李比希培养了一大批学生，继承并传播他的学术思想。加之，李比希本人雄辩的口才和富于说服力的文笔，使他能取得更多人的信服。但他过于自信的讲话，常使他陷入许多争论之中。

在美国，李比希《化学在农业和生理学上的应用》一书出版后的50年中，人们非常重视化学在农业中的作用。1862年李比希的学生韦瑟里尔（Wetherill）被任命为第一任美国农业部的首席科学家。在创立农业试验站时，李比希的学生作用也很大，一度认为只有化学家才适合做试验场场长。后来又渗透至农学、园艺学、植物、林学以及其他农业科学中。

1940年美国科学促进协会（The American Association of the Advancement of Science）为了纪念该书出版100周年，出版了《李比希及李比希以后农业化学》纪念专集，称："从来没有任何一本化学文献，在农业科学的革命方面，比这本划时代的著作起更大的作用。"美国科学家把李比希毕生的成就归纳为九个方面，其中，跟土壤学和农业化学有关的就有六个方面，包括：李比希对于促进农业化学研究方面的影响；李比希和土壤化学；李比希对于腐殖质理论及腐殖质在植物营养上作用的见解；李比希和矿质肥料；李比希的最小养分律以及李比希和植物矿质营养水培试验等。

2．对中国的影响

早在1877年《格致汇编》刊载《农业略论》中论及西方农业时，首次介绍了李比希以及农业化学的有关知识。

《化学在农业和生理学上的应用》从1840年问世到1862年第7版这二十多年间，许多欧洲人来到中国，了解到中国当时的农业生产情况。李比希将中国的情况与当时欧洲的情况作了对比说："中国农民在农业上具有独特的经营方法，这种方法可以长期保持土壤肥力，并不断提高土壤生产力以满足人口增长的需要。……中国的农业是建立在这样一个原则上，即从土壤中取出多少植物养分，又以农产品残余部分的形式全部归还给土壤，数千年来中华民族得以生存繁衍，主要得益于农民的精耕细作，善于管理自己的土地，把秸秆、人畜粪便归还给土壤，使土壤肥力得以维持。"李比希说："自然规律制约着民族兴亡，否定了维持土壤肥力的条件，不再保存自己生存的条件，国家就要灭亡，保持这些条件，就可以保持这个国家永世长存。”

20 世纪 30 年代，我国派遣了黄野梦、陈恩凤，还有周昌芸先后赴德国学习。但是《化学在农业和生理学上的应用》这本书的中文版，迟至 1983 年才出版。中文版是刘更另根据该书的第 9 版（1876 年李比希逝世 3 年后由他的学生整理出版的）俄文版译成的（图 4–4）。虽然，有一个时期，有学者误将土壤“报酬递减”与李比希联系起来，但总的来说，李比希的学说及其实践在我国的影响是很大的。李比希不愧是一位天才的、具有远见卓识的、伟大的农业化学家。同时他也有某些不正确的地方。例如，他认为通过降水，作物能得到充足的氮素，又认为豆科作物能够在土壤中积累氮素的原因是由于生长期中它们吸收了空气中的氨，直到 1886 年，Hellriegel 研究了根瘤菌，才揭示了豆科作物固氮的秘密。

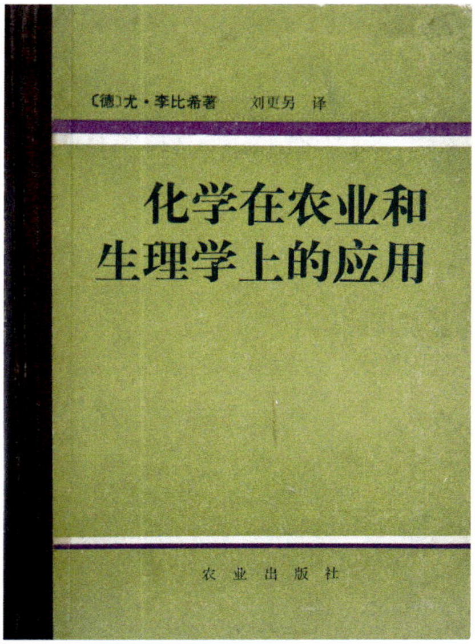

图 4–4 李比希著作的中译本

4.1.3 启示意义

1983 年，《化学在农业和生理学上的应用》一书中文版出版。李庆逵在序言中有这样一段话很有启示意义：科学迅速向前推进，今天李比希的成就大部分已成为历史上的记录，但是把该书译成中文出版，对于我国农业化学工作者、农业院校师生和从事农业管理学的干部还有重要意义。首先，我们了解农业化学作为一门科学，它是怎样发展起来的，看看杰出的科学家前辈，怎样通过改进研究方法来发现自然界的真理，又进一步把自然科学理论应用到农业实践中去，李比希对人类的福利有崇高的责任感；其次，可以看到李比希“专一”、“认真”、“勤劳”的治学精神，他将近半个世纪的工作都在不断进步之中，把修正错误作为发现真理的台阶；第三，李比希把培养学生作为毕生的主要内容，他的一大批杰出门生，在世界上构成了“化学派”，曾左右了农学、生理学、土壤学方面的研究方向。

4.2 汤普森和韦的“土壤吸附–交换学说”

季国亮对本专题进行了系统的探索[4]。有人认为，“自然界中土壤离子吸附和交换的重要性，仅次于绿色植物的光合作用”。这是因为土壤中离子的吸附和交换作用，决定了养分元素和污染元素在土壤中的存失命运和生物有效性，以及土壤一系列其他物理、化学性质，是土壤具有肥力功能和环境功能的基础。这也是土壤与纯砂粒的主要不同之处。土壤中离子吸附–交换理论建立以来160余年的历史证明，该理论不仅奠定了现代土壤化学的基础，而且对许多农业和环境问题发挥了指导作用。

4.2.1 学说的建立

虽然早在2000年前，Lucretius就观察到海水通过土壤后苦味消失，即认为土壤具有吸附某种物质的能力。但英国约克郡农民H. S. Thompson是定量研究土壤中阳离子吸附的第一人。他发现将$(NH_4)_2SO_4$溶液加入土柱后，在淋出液中存在$CaSO_4$。1850年他报道了该研究结果(图4–5)。在此之前的1848年，他将发现的这种现象告诉了英国皇家农学会的顾问化学家J. T. Way，Way立即应用多种土壤，广泛地研究了土壤中普遍存在的各种阳离子的吸附–交换现象，并于1850~1852年间发表了一系列研究论文。这些研究结果确证了土壤中的阳离子吸附现象，明确了这种现象的某

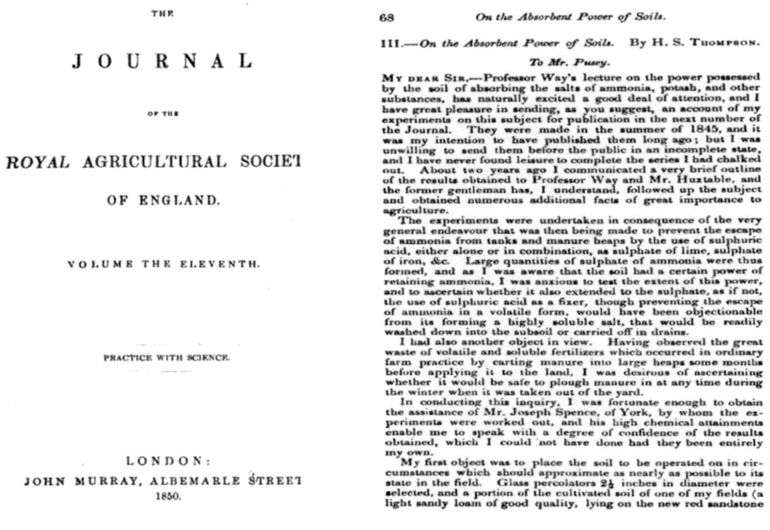

THE

JOURNAL

OF THE

ROYAL AGRICULTURAL SOCIET[Y]

OF ENGLAND.

VOLUME THE ELEVENTH.

PRACTICE WITH SCIENCE.

LONDON:
JOHN MURRAY, ALBEMARLE STREET
1850.

68 *On the Absorbent Power of Soils.*

III.—*On the Absorbent Power of Soils.* By H. S. Thompson.

To Mr. Pusey.

My dear Sir,—Professor Way's lecture on the power possessed by the soil of absorbing the salts of ammonia, potash, and other substances, has naturally excited a good deal of attention, and I have great pleasure in sending, as you suggest, an account of my experiments on this subject for publication in the next number of the Journal. They were made in the summer of 1845, and it was my intention to have published them long ago; but I was unwilling to send them before the public in an incomplete state, and I have never found leisure to complete the series I had chalked out. About two years ago I communicated a very brief outline of the results obtained to Professor Way and Mr. Huxtable, and the former gentleman has, I understand, followed up the subject and obtained numerous additional facts of great importance to agriculture.

The experiments were undertaken in consequence of the very general endeavour that was then being made to prevent the escape of ammonia from tanks and manure heaps by the use of sulphuric acid, either alone or in combination, as sulphate of lime, sulphate of iron, &c. Large quantities of sulphate of ammonia were thus formed, and as I was aware that the soil had a certain power of retaining ammonia, I was anxious to test the extent of this power, and to ascertain whether it also extended to the sulphate, as if not, the use of sulphuric acid as a fixer, though preventing the escape of ammonia in a volatile form, would have been objectionable from its forming a highly soluble salt, that would be readily washed down into the subsoil or carried off in drains.

I had also another object in view. Having observed the great waste of volatile and soluble fertilizers which occurred in ordinary farm practice by carting manure into large heaps some months before applying it to the land, I was desirous of ascertaining whether it would be safe to plough manure in at any time during the winter when it was taken out of the yard.

In conducting this inquiry, I was fortunate enough to obtain the assistance of Mr. Joseph Spence, of York, by whom the experiments were worked out, and his high chemical attainments enable me to speak with a degree of confidence of the results obtained, which I could not have done had they been entirely my own.

My first object was to place the soil to be operated on in circumstances which should approximate as nearly as possible to its state in the field. Glass percolators 2½ inches in diameter were selected, and a portion of the cultivated soil of one of my fields (a light sandy loam of good quality, lying on the new red sandstone

图4–5 汤普森关于土壤吸附性能的论著

些规律。例如，这种吸附为可逆吸附－交换反应，并服从化学等当量关系，而且同一种土壤对各种离子的吸附程度有所不同。这些研究结果得到了广泛的承认，并且直到现在仍不失其价值。但这些研究结果在当时是“革命性”的，以致遭到不少质疑。伟大的农业化学家 J. V. Liebig 评论说，“这些实验结果是非常奇怪的，应该全力反对。”因此，现在普遍认为土壤化学之父是 Way, 而不是 Liebig。Way 是伦敦化学会创始人和第一任会长 T. Graham 的学生。Graham 的另一个学生 F. Stohmann 回到德国后重复 Way 的实验，详细研究了浓度对土壤吸附 NH_4^+ 的影响，并且成为得到溶质－固相吸附等温线的第一人。他指出土壤吸附不同铵盐的能力各异，其大小次序为：$H_2PO_4^- > SO_4^{2-} > Cl^- = NO_3^-$，这个研究结果经过许多年后才被普遍接受。Liebig 的学生 S. Johnson 评论了 Way 的研究工作，并纠正了他的两点错误结论。Johnson 认为 Henneberg 和 Stohmann 关于离子吸附的研究结果表明，被土壤吸附的养分离子可以重新进入溶液并被植物吸收，即土壤吸附现象是可逆的。Johnson 还为 Way 发现的离子吸附－交换现象提出了“盐基交换”这一术语。

19 世纪 50 年代至 1900 年间大多数土壤离子吸附－交换工作都是 Way 研究工作的扩展和深化。其中主要的有：Eichhorn（1858 年）发现只要 Na^+ 取代矿物结晶中的 Ca^{2+}，就可以改变结晶沸石的形态。Peters（1860 年）系统地研究了浓度、阳离子和阴离子对吸附的影响，拓展了 Henneberg 和 Stohmann 的研究结果。在此期间，J. M. van Bemmelen 的贡献最大。他指出，土壤中的阳离子交换不是像 Way 认为的仅局限于 Ca^{2+}，其他阳离子也可被交换。他还形象地提出了阳离子交换图，后来发展成双电层理论。

4.2.2 学说的发展

1900 年以后，土壤中离子吸附－交换的研究从西北欧扩展至东欧、俄罗斯和美国等地区。由于研究对象组成和性质的改变，该领域的研究得到了过去不知道的结果，研究内容也转向一些具体土壤问题，如土壤酸度和碱土等，并取得了一些突破性进展。

土壤酸度研究是从 S. H. Davy 的“农业化学原理”开始的，这不仅是因为他讨论了土壤酸度，而且叙述了测定土壤中 $CaCO_3$ 的方法。1902 年，美国的 E. P. Vietch 提出以 $Ca(OH)_2$ 与酸性土壤反应至酚酞出现粉红色的方法确定土壤石灰需要量。一年以后，C. G. Hopkins 等提出用滴定 1mol/L NaCl 土壤提取液的方法确定石灰需要量。自从化学中认识到溶液的酸度与氢离子活度的关系后，这个概念也被引用到土壤学中来。所以只要考虑土壤酸度，就自然而然地想到 H^+。确实，土壤的酸度是通过 H^+ 表现出来的。但是，1904 年 Vietch 发现 NaCl 提取的土壤“酸度”主要是 $AlCl_3$, 而不是

HCl。这个重要发现引起了一场争论，并且60年后才得到承认。1914年日本的大工原提出了土壤中的Al和Fe可以进行盐基交换的设想。1916年德国的Kappen提出大多数Al以三价形态进行交换，而且Al^{3+}比H^+被土壤吸附得更牢固。上述这些观点可以看做土壤可交换性铝学派的开始。

1909年Sorenson提出了化学中的pH的概念以后，从1913年起，开始用电位法测定土壤中的氢离子浓度。人们很快发现，不少土壤不必加入NaCl或KCl其pH就很低。于是有人认为，这是由于土壤含有可交换性H^+。1923年Bradfield对土壤胶体进行电位滴定的研究结果表明，土壤胶体是一种弱胶体酸，并且可以计算其表观离解常数。1927年在荷兰进行的土壤酸度国际会议上，Page系统地阐明了H^+在土壤酸度中的作用。自此之后，交换性H^+学说统治了土壤化学二三十年。但是关于土壤交换性Al^{3+}的研究并没有中断。特别值得提出的是，1934年Paver和Marshall提出酸性黏土并不是纯的H^+质黏土，而是H^+、Al^{3+}质黏土。Чернов以其长期详细的研究工作，证明H^+质黏土将转化成Al^{3+}，他因这个工作获得了斯大林奖金。直到1952~1954年Coleman等对黏土中H^+和Al^{3+}的性质进行了系统、详细的研究以后，土壤酸度问题成为20世纪50年代至60年代前期土壤化学研究中最活跃的一个领域。现代土壤酸度学说就是以H^+和Al^{3+}共同存在为基础的。

美国加利福尼亚州的E. Hilgard似乎是科学地研究碱土的第一人。他指出，碱土的性质是由土壤中易溶钠盐进行离子交换后生成的Na_2CO_3造成的，尽管当时他并不知道19世纪Way关于土壤中离子交换的研究工作。令人惊奇的是，后来加利福尼亚州的Kelley、荷兰的Hissink、匈牙利的de'Sigmond和俄罗斯的Gedroiz，分别在四个国家，在极不相同的条件下，得到了阳离子交换在碱土形成中的作用的基本相同的观点。他们一致认为，土壤中存在可溶性钠盐时，Na^+与Ca^{2+}或Mg^{2+}进行离子交换，并在H_2CO_3存在的情况下生成Na_2CO_3。

在20世纪上半叶，虽然不少土壤化学家致力于从离子交换的角度研究一些具体的土壤问题，但仍有人潜心研究土壤中离子吸附－交换理论，并且取得了明显的进展。在此期间，Gedroiz和Hissink分别研究了离子交换平衡速度，发现Na–Ca交换几乎是瞬时的，而NH_4–Ca的交换慢些。Truog、Kelley和Brown等研究了离子吸附－交换机制，认为离子交换是一个化学过程，因为它们是可逆的，并符合化学当量关系。Wiegner、Gedroiz和Hissink等则认为离子交换作用是一种胶体现象，是由溶液－胶体界面阳离子的浓度差引起的。在此期间，一些学者企图把土壤的离子交换性能与土壤的$SiO_2/Al_2O_3+Fe_2O_3$联系起来。1924年Robinson和Holmes指出，黏土的CEC与$SiO_2/Al_2O_3+Fe_2O_3$有关。瑞典人S. Mattson企图把所有的土壤性质都与$SiO_2/$

Al_2O_3+Fe_2O_3联系起来。他研究了胶体的电泳性质，发展了从黏土中去除阳离子和阴离子的电渗析法，并详细研究了黏土对阳离子和阴离子的吸附。他认为，土壤胶体是SiO_2、Al_2O_3和Fe_2O_3的混合物。因为SiO_2是酸性的，所以它是土壤阳离子交换量的主要来源；而Fe_2O_3和Al_2O_3是两性的，即在低pH时它们带正电荷，在高pH时带负电荷。因此，土壤的表面电荷性质和吸附－交换性能也随pH而变。这些发现在当时是创新性的。但当20世纪30年代初X射线衍射用于土壤研究时，发现大多数土壤矿物都是结晶的，并且存在同晶置换现象。这些发现使Mattson的研究结果遭到极大的质疑，他本人也受到冷落。因为在当时看来，如果土壤矿物中存在同晶置换产生的负电荷，Mattson的等电pH现象是不可能发生的。但1939年Schofield发表了一篇论文，证明南非的一个土壤具有与Mattson观察到的类似的现象。1952年Mehlich也发现某些北卡罗来纳州土壤具有类似的性质。1947年Dean和Rubins也发现不同土壤吸附阴离子的能力差异很大。这些研究结果，使人们得以重新认识Mattson的土壤表面电荷具有两性性质的观点。20世纪60年代后，由于对热带、亚热带地区土壤研究的增多，逐渐认识到，这些土壤具有不同于温带地区土壤的许多特点。其中最根本的，是这些土壤的表面电荷具有明显的可变性，而且这些性质影响着土壤的许多其他性质。因此，到20世纪80年代初，许多土壤化学家对Mattson的贡献给予了重新评价。虽然他的黏土矿物概念是错误的，但他的土壤具有两性性质的观点基本上是正确的，在当时是创新性的。随着对土壤中离子吸附－交换反应研究的深入，人们企图定量地描述这种反应过程和动力学，于是从20世纪30年代开始，建立了各种阳离子交换方程，并在土壤研究中广泛应用。

4.2.3 现状和展望

经过160多年的努力，现在人们已经掌握了土壤中离子吸附－交换的一般规律及其影响因素，探讨了这种反应的机制，建立了离子吸附－交换反应的理论体系。这些成就为深刻认识土壤表面化学性质、土壤肥力本质和环境功能做出了杰出贡献，推动了土壤化学的发展。但总的来说，土壤中的离子吸附和交换中的一些问题，特别是反应速度和微观机制等问题还远未完全清楚。例如，100多年前人们提出的阳离子交换是化学反应还是吸附反应的问题，至今并未得到令人信服的答案，虽然一些学者提出各种不同的设想。土壤是一个由黏土矿物、氧化物和有机质组成的混合体系。黏土矿物的微小差异和非晶组分的形态和数量上的微小变化都会对离子吸附－交换反应产生显著的影响。因此，土壤中的离子吸附－交换反应更为复杂。

的确，由于这种种原因，近30~40年来，土壤中离子吸附－交换的研究进展是不能令人满意的。每门学科都有它的成长期和成熟期，或在新的突破前有它的静止期。正如20世纪30年代发现原子核裂变现象以后，物理学几乎变成一门全新的学科。目前土壤中离子吸附－交换研究似乎处于它的静止期。相信，随着对土壤微观性质和反应机制的进一步深入了解，借助化学、物理学和生物学等学科的新进展，土壤离子吸附－交换研究的新景象定会成为现实。

4.3 道库恰耶夫的“土壤发生学说”

18世纪的工业革命发源于英国，而土壤科学的萌芽似乎出现在德国。1840年农业化学派的代表德国化学家李比希（J. V. Liebig）出版了《化学在农业和生理学上的应用》一书，论证只有无机物质才能供给植物以原始养料，并推动了化肥工业的发展；德国农业地质学派的代表法洛（F. A. Fallow）、里希特霍芬 (F. V. Richthofen) 和拉曼 (E. Ramam)，将土壤形成归结为岩石的风化，他们认为土壤是陆地上的淋溶层，忽视生物作用。不论是化学家还是地质学家，尽管对土壤有贡献，但他们缺乏完整的概念和正确的认识。

作为具有 $180 \times 10^4 km^2$ 黑钙土的俄罗斯，19世纪中叶曾屡遭干旱、农业歉收，民不聊生。在这样的背景下，一位名叫B. B. 道库恰耶夫的地质学家，经过一系列广泛的土壤调查，包括著名的行程万里的黑钙土调查，揭示了土壤的形成实质，发表了《俄罗斯黑钙土》一书，创建了土壤发生学，从此土壤学就成了一门独立学科，使地学界的面貌为之一新[5–10]。

图4–6 B. B. 道库恰耶夫（1846~1903年）

道库恰耶夫1846年2月17日生于斯摩棱斯克州米留可澳村，1903年10月26日卒于圣彼得堡（图4–6）。1871年毕业于圣彼得堡大学自然科学部物理化学系。1872年起任圣彼得堡大学地质博物馆馆长。1878年获硕士学位，论文题目是：“俄罗斯欧洲部分河谷形成特征”；1883年获博士学位，论文是：《俄罗斯黑钙土》，这是一本标志土壤发生学派奠基的经典著作。同年任圣彼得堡大学教授。

4.3.1 《俄罗斯黑钙土》是土壤发生学派的经典著作

《俄罗斯黑钙土》一书共 10 章，640 页。第 1 章是黑钙土的研究历史，接下来的 6 章是不同黑钙土带及其土壤的记述；作者主要学术思想集中在最后 3 章。第 8 章论述俄罗斯黑钙土的起源；第 9 章论述黑钙土的结构及其厚度与地形的关系；第 10 章论述黑钙土的成土年龄及俄罗斯北部和南部无此种土壤发生的原因。该书中 B. B. 道库恰耶夫首次给出了土壤经典定义：“土壤是在水、空气和活的或死的各种有机体共同作用下改变了的岩石表层或亚表层”。认为“土壤是一个特殊的自然体，是成土因子相互作用的产物，土壤是成土因子永远在变的函数。”

威廉斯说“如果说道库恰耶夫之前，土壤学只是单凭经验的学科；由于道库恰耶夫的工作，土壤学就成了自然科学中的一门学科”。

4.3.2 土壤发生学的成就

经过反复调查研究和实地考察，B. B. 道库恰耶夫在《俄罗斯黑钙土》（1883 年）（图 4–7）、《俄罗斯草原今昔》（1892 年）（图 4–8）以及《论自然地带学说》（1899 年）等主要著作中展示出以下成就：

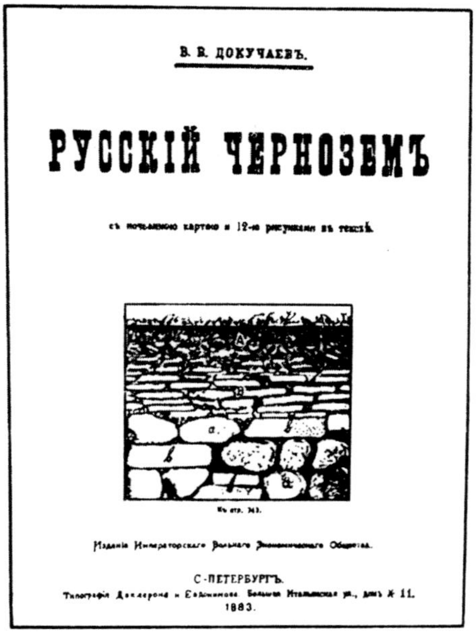

Cover of the first edition of V.V. Dokuchaev's book, *The Russian Chernozem.*

图 4–7 《俄罗斯黑钙土》封面（1883 年）

Cover of the first edition of V.V. Dokuchaev's book *Our Steppes, Then and Now.*

图 4–8 《俄罗斯草原今昔》封面（1892 年）

（1）成土因素学说。土壤形成不只是岩石风化，而是气候、生物、母质、地形和年龄诸因素作用下形成的有自己发生发展规律的历史自然体。

（2）地带性学说。论证了自然现象的地理规律性，在一定的生物气候条件作用下，土壤常成带状分布，尤其是在俄罗斯—乌克兰大平原上土壤分带现象明显，因而提出了地带性学说，并以此作为土壤发生分类的依据之一。

（3）土壤发生分类。伴随着土壤发生学派的建立，出现了相应的一系列土壤发生分类命名，如黑钙土、栗钙土、棕钙土、灰化土、盐土、碱土和沼泽土等名称，并赋予了各发生类型科学内涵。

（4）土壤制图。B. B. 道库恰耶夫是地质学家，长于调查制图。可是以往俄罗斯所编制的土壤图中所涉及的制图单元主要是土壤的机械组成和颜色，此项工作在俄罗斯几乎持续了 40 多年。在他领导下的土壤制图工作以发生土壤类型为图例，使土壤制图走上了新的阶段。

（5）防止土壤干旱的综合措施。在《俄罗斯草原今昔》一书中，道库恰耶夫阐述了防治草原土壤干旱的策略。考虑到俄罗斯不同的自然条件和经济条件，主张采取综合农业措施和森林土壤改良措施，还包括河川整治、峡谷和沟壑调整以及分水岭草原地带的兴修水利等。他的学术思想影响到森林学、土壤改良学、水文地质学、动力地质学和其他学科的发展。现在所看到的黑钙土及黑钙土带高大的防护林都是在这种思想指导下推行的结果（图 4–9、图 4–10）。

图 4–9　俄罗斯黑钙土景观
（卡明草原）

图 4–10　俄罗斯黑钙土剖面
（库尔斯克）

4.3.3 国内外影响

道库恰耶夫作为土壤发生学的奠基者、圣彼得堡大学的教授和苏联第一个土壤研究室的主任，培养了一批在土壤学科历史上很有影响的学者，如 H. M. 西比尔泽夫（Сибирцев）、В. И. 维尔纳德斯基（Вирнадский）、К. Д. 格林卡（Глинка）、Г. Н. 维索斯基（Высоцкий）以及 С. А. 查哈罗夫（Захаров）等，正是通过他们，他的学术思想才得以广泛传布和发展。

1．国内影响

1917 年 4 月 2 日在列宁格勒（今圣彼得堡）成立了以道库恰耶夫命名的土壤研究所（пиид），1934 年迁至莫斯科，工作至今；在中央黑钙土地区成立道库恰耶夫研究所并设有相应的博物馆，已有百年历史。在作为综合性大学的莫斯科大学内，土壤系作为全校九大系之一独立存在；在莫斯科大学前展现的俄罗斯一批伟大学者的塑像，如门捷列夫、巴甫洛夫等，其中也包括道库恰耶夫。苏联科学院为纪念他，在 1946 年设立了道库恰耶夫金质奖章和奖金，以奖励在土壤科学方面作出重大贡献的苏联科学家。1992 年道库恰耶夫卡明草原黑钙土考察 100 周年之际，在莫斯科召开国际会议，以纪念道库恰耶夫对土壤学的贡献。几乎在同一时候，А. П. 谢尔巴柯夫沿着道库恰耶夫万里行调查路线考察，研究黑钙土 100 年来的变化[8]，特别是对卡明草原黑钙土的研究一直持续至今。

2．国际影响

一般认为道库恰耶夫学术思想主要是由其学生传播。1914 年道库恰耶夫学生格林卡的著作《土壤形成类型》的德文版出版，此后又被译成英文。1927 年在华盛顿举行的第一届国际土壤学会上格林卡被一致选举为国际土壤学会主席，从而加速了道库恰耶夫学术思想的传播。

实际上，道库恰耶夫学术思想的传布远早于此。1889 年巴黎世界博览会上展出的一套已经出版的道库恰耶夫土壤学专著被授予金质奖章。比这更早的是，1879 年在法国就有道库恰耶夫关于黑钙土论著法文版出版；1893 年道库恰耶夫的著作在美国芝加哥出版。因此，道库恰耶夫学术思想的传布早在其在世时已经从欧洲传至美洲。

美国土壤学家 C. F. 马伯特认为俄罗斯发生学派的学术思想深刻地影响了早期美国土壤学的发展。至于道库恰耶夫的学术思想对我国影响主要是 1930 年以后通过美国土壤学家来华工作开始的。1949 年以后，苏联土壤学家来华工作和讲学，中国的年轻学者赴苏留学，并以道库恰耶夫土壤研究所的模式建立中国科学院土壤研究所。因此，道库恰耶夫的学术思想对中国的影响十分深远，特别在 20 世纪 50 年代到 60 年代。

4.3.4 启示意义

道库恰耶夫是一个伟大的土壤学家，是公认的土壤科学奠基人。随着科学技术的进步，道库恰耶夫学说也在不断发展和完善。

道库恰耶夫把土壤看做一个历史自然体，土壤随成土因素的变化而变化，这种系统论的观点、生态学的观点和可持续发展的观点深深地影响着土壤学和相邻学科的发展和应用。

S. Mattson 于 1938 年提出了土壤圈(pedosphere)的理论，除了指出生物圈、大气圈、岩石圈和水圈对土壤圈的影响外，同时强调土壤圈对其他圈层的反作用。早在 20 世纪 60 年代，A. И. 彼列尔曼提出了表生地球化学（hypergentic geochemistry）过程；20 世纪 80 年代钱学森提出“地球表层学”；21 世纪初美国提出了地球关键带 (the Earth’s Critical Zone) 的概念，其思想都是以土壤圈层作为核心的多个圈层相互作用，考虑的也是水、土、气、生，同时更加重视人文过程。希望从“系统”的角度认识包括土壤及其成土因素在内的地球的表生过程，将其从传统的、无序的和概念性的地表过程提升到独立学科的高度研究。

与此同时，土壤学也在迅速发展。人为作用因素已被公认为第 6 个成土因素，土壤分类已进入系统分类的阶段，传统土壤制图已被数字化制图所取代，由于测试手段的改进，土壤成土速率的研究也更趋精准。因此，土壤成土条件，包括气候、生物、岩石、地形、年龄和土壤形成的研究正在深化和数量化。土壤学在表生带中起着越来越重要的作用。虽然表生带中各自然因素和人为因素都具有不可取代的作用，而土壤似乎起着一个连接诸因素的纽带作用。面对环境问题，如水污染、大气污染和土壤污染，特别是污染元素在表生带中的行为，离开了成土条件、成土过程和成土类型是无法阐述清楚的。土壤作为一个非线性和不均匀的自然体，有着复杂的物理、化学和生物过程，土壤发生过程的研究定能有助于揭示表生带中一些深层次的问题。

在《俄罗斯黑钙土》发表 130 周年之际，回顾道库恰耶夫关于成土因素学说和土壤发生学原理，既有历史意义，也具有现实意义。相信道库恰耶夫开创的土壤发生学在农业和环境研究过程中将继续发挥其应有作用。

4.4 黑尔里格尔和惠尔法斯的“豆科植物根瘤菌共生固氮研究”

李振高对本专题进行了系统综述[11]。种植豆科植物，可以改良土壤，提高作物产量，这是一项古老的生产经验。1838 年法国的布辛高（J. B. Boussingault，图 4–11）通过田间试验和农化分析的研究结果指出，三叶草和豌豆等豆科植物能够直接吸收同化大气中的氮素，这一见解遭到当时农业化学权威的攻击。而布辛高对自己的试验方法和结果也不完全满意，于是在 19 世纪 50 年代中期又重复进行了过去的试验，结果不论豆科或非豆科植物都没有吸收大气中的氮素，他也认为自己早先的田间试验得出的结果是错误的。

1866 年俄国的沃罗宁（M. C. Воронин）最先发现豆科植物根瘤中有微生物，并指出根瘤的形成是微生物入侵植物的结果，但他没有把根瘤和豆科植物的固氮联系起来。因此，对豆科植物如何获得氮素的问题一直都没有一个完整的认识。直到 1886 年德国的农业化学家黑尔里格尔（H. Hellriegel，图 4–12）进行了三年砂培试验，

图 4–11　布辛高
（J. B. Boussingault，1802~1887 年）

图 4–12　黑尔里格尔
（H. Hellriegel，1831~1895 年）

证明了豆科植物只有形成根瘤时才能固定空气中的氮素，并在柏林举行的第 59 届德国科学家和医生大会上作了题为“什么是植物的氮源”的报告，宣布豆科植物根瘤具有固氮功能，很多人受到鼓舞，引起了强烈反响，但也遭到一些人的反对。此后，他又继续进行周密而更大规模的试验（图 4–13、图 4–14），于 1888 年和惠尔法斯（H.

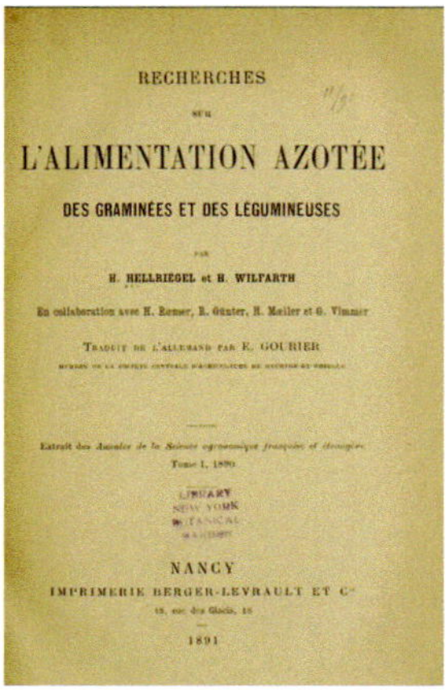

图 4–13 Hellriegel 研究报告封面

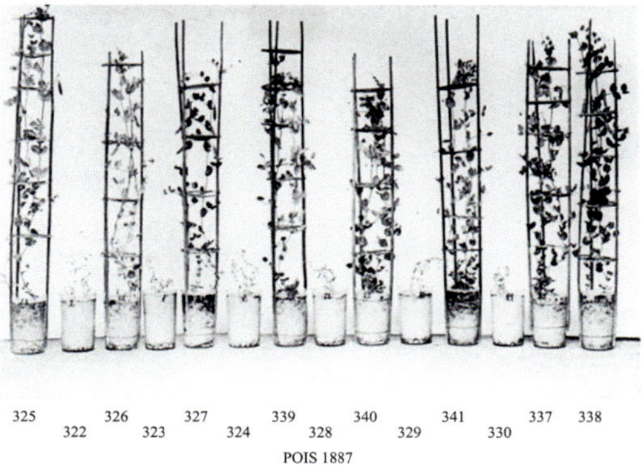

图 4–14 豌豆的砂培试验（1887 年）

Wilfarth）一起发表了长达 234 页的详尽研究报告，以充分的证据肯定了两年前提出的结论。同年，荷兰的贝依林克（M. W. Beijerinck）首次从根瘤中分离获得了根瘤菌的纯培养。1889 年波兰的柏拉兹莫夫斯基（Prazmowski）用根瘤菌纯培养接种豆科植物形成了根瘤，至此人类在认识客观世界的进程中又跨过了一个里程碑。黑尔里格尔和惠尔法斯因贡献突出成为豆科植物根瘤菌共生固氮的开创者。生物共生固氮在自然界氮素循环中占有显著地位，对农业生产具有重要意义，使之一直成为土壤微生物学中一个最活跃的研究领域。

4.4.1 主要贡献

（1）明确证实了豆科植物结瘤固氮作用，并进行了固氮量的定量分析，指出形成根瘤的是微生物，能被高温杀死，在不同土壤中的数量有差异，而且具有一定专一性的概念（即互接种族学说的来源），开创了生物固氮研究的崭新领域。

（2）发现了少量硝酸盐不影响植物结瘤，但用量过大对植物结瘤有抑制作用，这对根瘤菌在生产中的实际应用有重要指导意义。

（3）促进了微生物肥料的诞生。豆科植物和根瘤菌的共生固氮作用的研究，导致了根瘤菌接种剂的生产和应用，对豆科植物的增产和推广起到了积极作用。至今，根瘤菌肥料仍是一种效果稳定、应用广泛的固氮微生物肥料。

（4）展现了广阔的应用前景。化学肥料的问世，对农作物增产发挥了巨大作用，但化肥的生产，需要消耗大量能源，且成本高；另外，由于化肥长期过量和不合理施用，对土壤环境造成污染。利用生物固氮，可增加土壤中氮素来源，减少化肥施用量，达到农业节能、降低成本、保护环境的目的。

4.4.2 国内外影响

根瘤菌纯培养的分离和验证以后，美国、俄国、英国、法国和德国等许多国家都相继开展了大量的研究工作，研究领域也在不断扩大。1896 年在美国出现了根瘤菌纯培养的专利商品，这一时期提出了互接种族学说。美国的弗雷德（Fred）等于 1932 年发表了《根瘤菌和豆科植物》的名著，成为第二次世界大战前 50 年土壤微生物学三大主要成就之一，对推进生物固氮研究起了重要作用。我国土壤微生物学的先驱陈华癸 1936 年正留学英国，和桑顿（H. G. Thornton）于 1940 年在伦敦皇家学会会刊上发表了题为“无效根瘤的结构及其对固氮作用的影响”的长篇论文，提出了影响结瘤植物固氮量因素的重要结论。受到了相关专家的高度重视，著名固氮研究者贝格森（Bergersen）认为这一概念很重要，这是当时共生体系研究的重要成果和先进水平。同年，美国的威尔逊（Wilson）发表专著《共生固氮的生物化学》，总结了这方面的早期研究成果。1942 年伯里斯（Burris）首先将氮同位素技术应用于固氮研究，提出了根瘤是固氮场所的直接证据。陈华癸先生回国后，与张宪武、樊庆笙等学者开展了这一领域的研究，为我国生物固氮研究奠定了基础[12]。黑尔里格尔之后 100 多年来，豆科植物和根瘤菌共生关系的研究一直是生物间共生关系研究的一项重大研究课题，并随着研究方法的改进与发展，共生固氮研究取得了突破性进展，影响深远。

4.4.3 启示与展望

众所周知，根瘤菌 - 豆科植物共生（symbiosis）是自然生态系统中普遍存在的生物学现象。生物固氮将氮气还原为氨，是生物地球化学中氮循环转化的一个重要环节，也是研究微生物与植物相互作用的典型代表。2004 年 Marx 在 *Science* 杂志上明确指出这种互作性特殊共生体不仅为宿主植物提供营养，而且有利于维持全球农业生态系统的稳定性[13]。

共生固氮研究，以黑尔里格尔和惠尔法斯证实结瘤的豌豆能从空气中取得氮气为养料作起点，至今已有 120 多年的历史，取得了一系列重大进展，方兴未艾。每位成功者和失败者都为它的进展做出了贡献。由于人类对客观世界的认识程度有着时代的局限性，任何重要的科学成果都是从前人的劳动成果中得到启示，吸取其经验和教训，不断创新。在整体水平和群落水平上、在细胞水平或分子水平上开展了固氮生物资源、固氮酶结构与功能、共生固氮的生物化学过程、根瘤菌分子生物学和遗传学、共生伙伴之间基因对基因的关系、各基因产物之间的相互作用、环境因素对有关基因表达的影响、根瘤菌资源调查与分类、生物固氮中氢循环以及根瘤菌–豆科植物共生体对污染土壤的修复等研究。相信随着现代农业化学、微生物学、生物化学、分子生物学、生态学、信息学和环境科学等的兴起与发展以及各学科的交叉配合，生物固氮作用的研究已进入一个新的阶段，也将在农业和环境科学研究领域中发挥更新、更大的作用。

小 结

纵观土壤学历史上的四大成就，可以看出：

（1）土壤学的形成是与社会发展相联系的，虽然古代就有有关土壤的语言和文字，但只有在工业革命以后，即 19 世纪中叶才在欧洲出现了现代土壤学的萌芽。

（2）土壤学最早是由地质学和化学延伸和发展而来，道库恰耶夫和李比希即是这方面的代表，由于他们的推动和提炼，催生了土壤学的诞生。

（3）19 世纪中叶到 20 世纪初，土壤学已经在土壤地理、土壤化学、农业化学和土壤生物方面作出了令人瞩目的成就，从而奠定了土壤学发展的坚实基础。

（4）土壤学一开始就和当时的经济建设和农业实践相结合，它的诞生受社会实践的驱动，它的发展又推动了经济建设的发展。

（5）一个学科的发展必然惠及相邻学科，土壤学的发展促进了地质学、地理学、环境科学以及农、林、牧业的发展。

参考文献

[1] 中国科学技术协会．中国科学技术专家传略（农学编·土壤卷 1）．北京：中国科学技术出版社，1993

[2] 尤·李比希．化学在农业和生理学上的应用．刘更另译．北京：农业出版社，1983

[3] 孙秀廷．关于李比希矿质营养学说．五色土，2013, (15): 20–23. http: //www. issas. ac. cn

[4] 季国亮．土壤中离子吸附–交换理论的建立和发展．五色土，2013, (15): 23–26. http: //www. issas. ac. cn

种积聚植物。侯学煜[4]在《中国植被地理及优势植物化学成分》一书中，列举了54种富铝植物、44种富氮植物、74种富钙植物和153种富硅植物。假如说Siegel是从生物地球化学找矿角度讨论的话，那么侯学煜则更多从植物生长和土壤之间关系着眼。与积聚植物相反的排斥植物，如赤松（*Pinus densiflora*）含钙仅0.153%，中伞叶五加（*Acanthopanax sciadophylloides*）含硅仅0.009%，粗榧（*Cephalotaxus drupacea*）含铝只有0.005%。

5.1.2 植物和土壤组成的相关性

土壤和植物元素相关性取决于土壤类型和植物种类。除已有报道土壤的钙、硅、磷、锌、镍与植物含量组成有相关性外，一般两者不一定有相关性。但植物中元素含量与土壤中有效态元素含量的相关性，要比植物中元素含量与土壤中元素全量的相关性明显。如水稻植株中的硅与土壤中有效硅含量成正相关，林木中的钾与土壤中缓效钾成正相关。广西柑橘叶片中的Zn、Mo和Cu与土壤中的有效态Zn、Mo和Cu有很好的相关性（表5–1）。

表5–1　土壤与柑橘叶片中一些微量元素的相关性分析[5]

土壤类型	柑橘品种	相关项目	回归方程	相关系数
湿润富铁土 (0.1mol/L HCl 提取)	温州蜜橘 新会橙	土壤有效 Zn 与叶片中 Zn	Y=10.80+9.79X	0.83** (n=22)
淋溶土 潮湿雏形土 (DTPA 提取)	沙田柚 新会橙 夏橙	土壤有效 Zn 与叶片中 Zn	Y=12.36+7.91X	0.80** (n=8)
湿润富铁土	温州蜜橘 新会橙 柳橙、夏橙	土壤有效 Mo 与叶片中 Mo	Y=–0.001+0.47X	0.82** (n=10)
潮湿雏形土	沙田柚	土壤有效 Mo 与叶片中 Mo	Y=0.01+0.67X	0.77** (n=8)
湿润富铁土 (0.1mol/L HCl 提取)	温州蜜橘 新会橙 夏橙、沙田柚	土壤有效 Cu 与叶片中 Cu	Y=3.64+1.04X	0.71** (n=21)
潮湿雏形土 (DTPA 提取)	沙田柚	土壤有效 Cu 与叶片中 Cu	Y=4.16+3.45X	0.79** (n=8)

5.1.3 环境与人体化学组成的相似性

植物的化学组成通过食物链反映到人体。众所周知，人类通过进食、饮水和呼吸空气与环境保持着不可分割的联系。不同的研究显示，地壳、土壤与人体之间化学组成上有一定的相似性[6]：如英国的 Hamilton 等研究了血与地壳的化学组成[7]，发现人血化学组成不仅与海水成分相似，而且发现除去生物物质主要结构元素（H、C、O）和地壳结构元素（Si、Al）以外，其他元素的丰度分布趋势有极大的相似性（图 5-1）；又如谭见安在甘肃研究地方病时发现，人发与饮水、粮食、土壤和岩石中元素含量之间也有很大相似性。

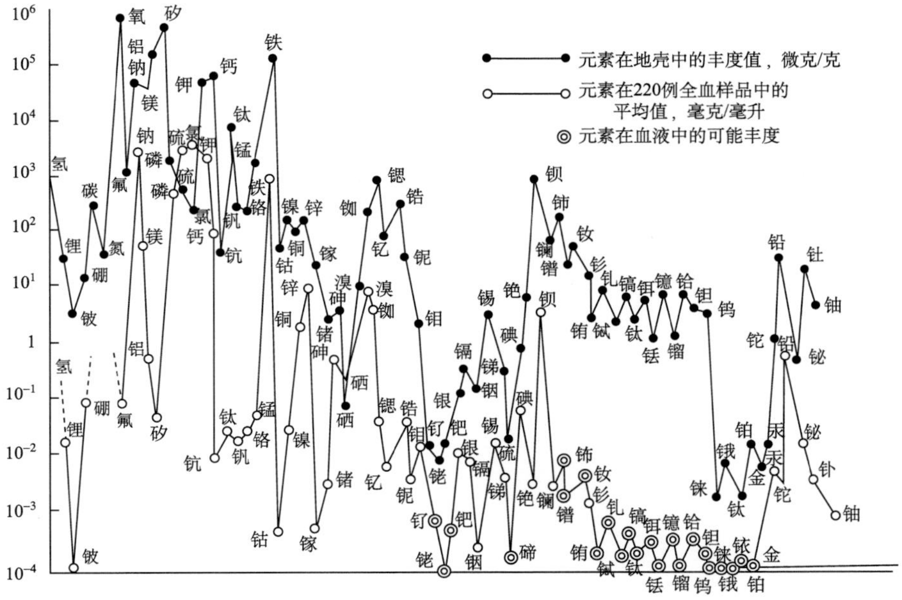

图 5-1 人体血液和地壳中稀有元素丰度的相关性[7]

5.2 土壤环境异常和人体健康

关于土壤与人类健康问题，早在 2000 多年前就有人研究。

《淮南子》一书（顾迁译注）[8] 提出："土地各以类生人"，并指出"坚土人刚、弱土人儒、墟土人大、砂土人细、息土人美、耗土人丑、轻土多利、重土多迟"。明代著名医学家李时珍指出："人乃地产"。说明人类生存和发展与水土环境有关。即民间所说的"一方水土养一方人"。据林年丰介绍[9]，古希腊名医 Hippocrates 对水土环境与人类健康就有很多论述。哈里兰特（A. Hariland，1868 年）发表了关于湖区土壤、岩石与癌症的著作，随后他还对英格兰和威尔士地区进行了土壤与癌症的研究。

环境是一个综合的系统，土壤环境仅是其中的一个组成部分。本书先从土壤自然属性出发，讨论土壤类型和土壤中某些元素异常与人类健康的关系。

许多学者从土壤中元素的丰缺探讨其与人类健康的关系，如Co、Cu、I、Mo、Ni、B、Pb、Se、Sr、Ba、Ca、Mg、P、Mn以及C等其他一些元素在自然状态下与人体健康的关系。但是这些元素都是与一定的土壤类型相联系的，不同土区有各自的土壤环境特点（表5-2）。

表5-2 土壤环境异常与地方病[9-11]

土壤区域	案例地区	土壤特点	牧草、饲料和食物特征	可能地方病
干旱土	哈萨克斯坦咸海、里海低地	干旱土、盐成土甚至硼酸盐盐土	牧草中B特别高	“硼”肠炎兼肺炎，母绵羊、骆驼患病
淋溶土	俄罗斯非黑钙土区	生草灰化土	牧草中Co,Cu,P低	贫血、缺Co病、维生素B_{12}缺乏病以及牲畜嗜异症
	中国淋溶土及相邻土区	淋溶土	Se缺乏	克山病、大骨节病、牲畜白肌病
新成土	俄罗斯、美国、荷兰、丹麦、中国	砂质新成土或始成土元素缺乏，尤其是Co、Cu、Zn	受土壤影响	缺Co，维生素B_{12}缺乏，牲畜易患病
潜育土 有机土	英国威尔士	主要土壤为有机土、潜育土，有机碳含量高，缺乏Cu、Mn、Zn和B	受土壤影响	英国北威尔士高发胃癌
岩成土	美国中西部	白垩纪黏土、页岩、石灰岩的岩成土	牧草富Se	碱性病，严重的有脑膜炎，牛、马、母绵羊、猪易患病
	哈萨克斯坦	富Ni蛇纹岩的岩成土	牧草中富Ni	地方性眼病、镍盲症，羊羔与牛犊易患病

5.2.1 干旱土

如哈萨克斯坦咸海、里海低地的干旱土和盐成土中含B高，在牧草中含B也高，动物有机体中由于B的累积，肾脏中B排泄机能破坏，降低消化道蛋白质分解酶的活性，特别是绵羊，易发生“硼”肠炎等地方病。

5.2.2 淋溶土

如俄罗斯北部的生草灰化土，美国、德国和英国的灰土，我国自东北至西南的湿润淋溶土和干润淋溶土，常因缺乏某些元素如缺Ca、Cu、Co或Se等引起各种地方病。

5.2.3 砂质新成土

如俄罗斯、美国、荷兰、丹麦、挪威、新西兰以及中国的砂质新成土常因缺乏Co、Cu、I、Mo等引发地方病。

5.2.4 潜育土和有机土

如英国、北欧、俄罗斯、美国等国家和地区，低地土壤经常由于有机碳含量过高，土壤缺乏P、K，同时也缺乏Cu、Mn、Zn和B引起地方性疾病。英国地质局的勒贡(Legon，1951~1955年）对北威尔士土壤与胃癌进行了研究，那里土壤为潜育土和有机土，富含有机碳。胃癌与反映有机碳含量的烧失量之间有明显的正相关，胃癌的最高发病率常见于土壤有机碳含量为2.5%~4.0%的地区。

5.2.5 岩成土

如美国中西部、加拿大、哥伦比亚和爱尔兰等地白垩纪黏土，页岩、石灰岩发育的土壤中含Se高，爱尔兰土壤中Se更高；牧草富集Se，特别是紫云英；人类易发“碱性”病，严重的有脑炎性脑膜炎，牛、马、母绵羊、猪易患病。

又如哈萨克斯坦阿克秋宾斯克州，富Ni蛇纹岩上的岩成土，牧草中Ni的含量高，为贫Ni地区的20倍，易患地方性眼病、“镍”盲症，羊羔与牛犊易患病。

5.3 硒、氟、碘的空间分异与地方病[12-19]

5.3.1 硒的分异与地方病

硒是一种生物必需的微量元素，高硒和缺硒均会引起人体和动物的各种疾病。环境中硒过量将导致人体硒中毒。人体硒中毒病的地理分布有地带性和非地带性之分。地带性的与土壤类型有关，主要分布于干旱、半干旱地带的草原土，荒漠干旱土带。这种土壤含硒量较高且活性较大，导致水体和植物体内硒含量偏高。美国这类地区土壤含硒量可达50mg/kg，平均5.4mg/kg。

我国非地带性硒毒区是由于土壤母质和母岩高硒含量引发的。如我国湖北恩施、

5.4.1 美索不达米亚文明的湮没

21 世纪初，作为超级大国的美国轻而易举地击溃中东的一个发展中国家伊拉克政权。不谈目前伊拉克对世界文明的贡献，在古代伊拉克土地上出现的美索不达米亚（Mesopotamia）文明鼎盛时期，北美还是一片未开垦的处女地，地图上还找不到“美国”这个国家。

“美索不达米亚”希腊文为两河间地区的意思，也称两河流域，即幼发拉底河和底格里斯河平原。北部地势较高，南部地势平坦。古代这里曾建立了古巴比伦（Babylon）王朝，是世界四大人类古文明的发祥地之一，对人类文明作出了重大贡献。后来由于两河上游森林的破坏，美索不达米亚文明湮没。

孕育美索不达米亚文明的自然资源主要是底格里斯河和幼发拉底河的水源，加上平坦的地形以及肥沃的土壤[20–22]。

如果没有两河河水的灌溉，这里的雨量哪怕是一般水平的农业生产也难以维持。由于当地人们利用有利的自然条件，世代相传，兴修水利，发展灌溉，培肥土壤，振兴农业取得了很大成功，生产了足够的粮食，成百万人从田间解放出来，从事手工业、贸易和文化工作。出现了繁华的城市、宏伟的宫殿与壮丽的神庙以及各种艺术品、楔形文字、数学、历书、天文和著名的法典等，创造了美索不达米亚文明。

不幸的是，由于人口增长，加上连年战乱，当地人为了扩大耕地，两河流域发源地的森林遭无情的砍伐，草地过度放牧，造成了严重的水土流失，河流夹带大量泥沙顺流而下，沟渠淤塞，两岸淤泥堆积如山，灌溉系统陷于瘫痪，伴随着荒漠化和盐渍化，农田荒芜，民不聊生。最终导致巴比伦王国的灭亡和美索不达米亚文明的消失。

恩格斯在《自然辩证法》一书中曾指出：“美索不达米亚、希腊、小亚细亚等地的居民，为了得到耕地，砍光了森林，结果使这些地方成为荒芜之地。不仅毁坏了土地，也湮没了人类文明”（图 5–7）。

5.4.2 席卷全美的黑色风暴

美国拥有世界上得天独厚的大片肥沃土地。美国作为一个发达的工业国家，在发展工业的同时，也大力发展农业。他们从东部大西洋沿岸开垦土地开始，逐渐向西部扩展。在西部无垠的土地上，他们所面临的只是一小部分分散居住的印第安人部落，他们轻易地夺取了土地，加上先进农业机械的帮助，农业取得了丰收。但他们并不珍惜宝贵的自然资源，在开垦过程中大量砍伐森林，恣意蹂躏草地，比以往

图 5–7 美索不达米亚旧城遗址[20]

任何前辈造成对土地更严重的破坏。他们之中一些人出于无知而毁坏土地，而另一些人则出于对眼前利益的贪婪。接着而来的就是严重的水土流失、河流淤塞、沟壑纵横、风沙频发。不论是发展中国家还是发达国家，“大自然毫不客气地给了他们应有惩罚”。这里特别要提到的是当年美国西部大开发。由于生态破坏，加之气候反常和水土保持措施不当，刮起了历史上著名的“黑色风暴”[23,24]。18 世纪以来，大批移民来到美国西部平原，为了扩大耕地面积，滥垦滥伐，导致了 20 世纪 30 年代 3 次黑色风暴。1934 年 5 月第一次风暴持续了三天三夜，从西海岸一直吹到东海岸，形成了长达 2400km、南北宽 2400km、高达 3400km 的灰黄色尘土带，风暴以 100km/h 以上的速度向前推进，横扫北美大陆，尘暴过处，天昏地暗，伸手不见五指，人们把它称为“沙暴”、“尘暴”或“黑色沙尘暴”（图 5–8）。对此，当时，罗斯福总统给各州州长的信中说：“一个毁坏自己土壤的国家，必将毁灭自己。”这句话也从此成了人们保护土壤的至理名言。

受到沙尘暴横扫全国震惊的国会，终于通过了第一个土壤保护提案。这个提案的前言中讲到：“……今天我们认识到，在我国农场、牧场和林地上所发生的对于土地与水资源的浪费，系由土壤侵蚀所导致，并构成了对全国福利的一种威胁。所以我们受权声明，将永久地提供对于控制和预防土壤侵蚀工作的支持。保护自然资源将是国会的一项基本政策。”

图 5-8 美国 20 世纪 30 年代的黑色风暴 [20]

5.4.3 哈萨克斯坦开荒的灾难

1954 年时任苏联领导人的赫鲁晓夫发动了一场垦荒运动，认为哈萨克边远地区种植谷物有很大前途。他只知道那里土地面积大，却不知这是缺水的砂质干旱土。

尽管当时莫洛托夫等人主张应重点发掘土地潜力，深知当地实情的领导也反对，而赫鲁晓夫强行把垦荒面积扩大到 800 万 ~ 1000 万公顷。开始虽然也得到了些粮食，但干旱的砂质土壤失去了保护，1960 年 6 月苏联发生了类似美国 30 年代的风沙袭击，接下来粮食歉收。难怪有人戏称：“赫鲁晓夫在中亚播种，到加拿大收获”，也就是说此举得不偿失。

5.5 现代工业化条件下土壤环境事件

现代工业化所造成的环境污染其规模之大，影响之深远前所未有。20 世纪 30~60 年代是工业发达国家公害泛滥时期，相继出现了震惊世界的“八大公害”事件。这些严重事件引起了人们对环境保护的重视，投入了大量资金加以治理，成效不少，但危害并未完全解决，新的问题又不断发生。下面仅略举其中数例，引以为戒 [25,26]。

5.5.1 日本的痛痛病

20 世纪日本公害事件屡屡发生[25]，如痛痛病（1931 年）、水俣事件（1953 年）和四日市事件（哮喘病）（1955 年）。本书仅举痛痛病为例稍加说明。在日本富士县，20 世纪初期开始，人们发现该地区的水稻生长不良。1931 年又出现了一种怪病，患者大多是妇女，病症表现为腰、手、脚等关节疼痛，病症持续几年后全身各部位会发生神经痛、骨痛现象，行动困难，甚至呼吸都会带来难以忍受的痛苦。到了患病后期，患者骨骼软化、萎缩，四肢弯曲，脊柱变形，骨疏松，行动困难，就连咳嗽都能引起骨折。患者不能进食，痛苦无比，常常大叫“痛死了！”“痛死了！”因而这种病被称为“痛痛病”（itai–itai disease）。

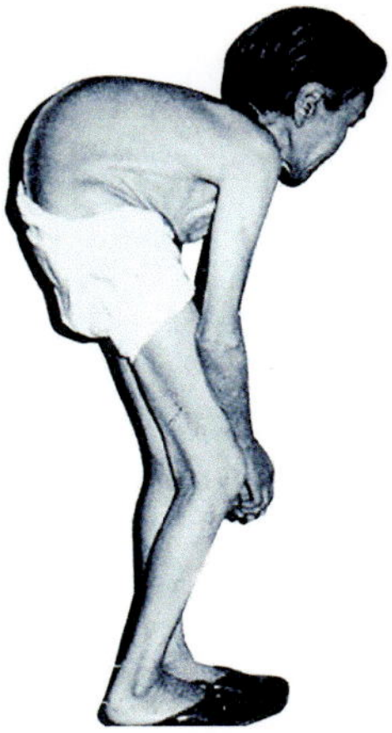

图 5–9　痛痛病患者（图片来自网络）

原来日本富士山有一条河叫神通川河，当地居民历来以此河水灌溉两岸庄稼。后来日本三井金属矿业公司在该河上游修建了一座炼锌厂。该厂排放废水中含有大量的镉（Cd），整条河流被炼锌厂的含镉污水污染了，通过灌溉河水又污染了土壤。神通川两岸水田镉的浓度均大于 1.0mg/kg，而且以大于 2.0mg/kg 为主，而神通川支流两岸的土壤镉的浓度均小于 1.0mg/kg。从而稻米中富集大量镉，产生了“镉米”，镉通过食物链进入人体，这就是“痛痛病”的由来。虽然原因已查明，但至今尚无特效治疗方法。因此，消除镉对土壤和稻米的污染显得特别重要，这是防止痛痛病的根本措施。

5.5.2 美国拉夫运河事件

拉夫运河位于美国纽约州，是一个世纪前为修建水电站挖成的一条运河，20 世纪 40 年代干涸被废弃。1942 年，美国胡克化学公司购买了这条大约 1000m 长的运河，作为垃圾仓库用以倾倒大量工业废弃物，持续了 11 年，估计在运河边倾倒了两万多吨化学物质。1953 年，这条充满各种有毒废弃物的运河被公司填埋好后，以一美元的价格卖给当地教育机构。此后纽约市政府在这片土地上陆续开发了房地产，盖起了大量住宅和一所学校，形成了拉夫运河小区。他们哪里知道工业废弃物填埋于土壤，并不是进了“保险箱”，因为如此大量的有毒物质完全超过了土壤的负载容量，留下极大的隐患，等于埋下一颗“定时炸弹”。从 1977 年开始，“炸弹”终于爆发。当地居民不断发生各种怪病，如孕妇流产、儿童夭折、婴儿畸形、癫病、直肠出血以及各种癌症。事实证明，填埋的有毒化学物质，处理不当，必然会威胁当地居民的生命与安全。

这一事件的揭露引起了社会巨大反响。经过一番周折，拉夫运河小区 700 户人家得到搬迁。美国卡特政府颁布土壤污染防治专门法——《综合环境反应、赔偿和责任法》，创立了联邦资金用于清理泄漏的化学物质和有毒垃圾场。拉夫运河事件推动了美国土壤污染立法的进步，也加深了国际社会对土壤污染的重视。

5.5.3 切尔诺贝利核泄漏事件

切尔诺贝利核电站事故发生在乌克兰境内的普里皮亚季市。1986 年 4 月 26 日，该电站第 4 发电机组爆炸，核反应堆全部炸毁，大量放射性物质泄漏，成为核电时代以来最大的事故。辐射危害严重，导致事故前后 3 个月内有 31 人死亡，13.4 万人遭受不同程度辐射病折磨，方圆 30km 地区 11.5 万居民被迫疏散。

核尘埃几乎无孔不入，核放射对乌克兰地区数万平方公里肥沃的土地造成了污染。1987~1993 年期间，对切尔诺贝利沉降物 ^{137}Cs 和 ^{90}Sr 在乌克兰、白俄罗斯和俄罗斯土壤中的迁移研究结果表明：在未扰动、排水良好的砂质土和砂壤土中，沉降物沉降 6~7 年后，^{137}Cs 和 ^{90}Sr 仍留在最上部 5cm 土壤内，这些土壤中 ^{90}Sr 的迁移率比 ^{137}Cs 高；但在泥炭和沼泽土中差异小。20 世纪 50~60 年代，全球 500 次原子弹和氢弹大气层试验沉积的 ^{137}Cs 每年只向下移动几毫米。^{137}Cs 和 ^{90}Sr 是对人体危害大、持续时间较长的放射性元素，其半衰期分别为 30 年和 28 年。因此，对此必须持续地加以防范，以免这些放射物质通过食物链影响人类健康。

5.5.4 世界各国的雾霾污染

20 世纪 40~50 年代以来，雾霾污染事件在世界各地相继出现，如英国、美国、加拿大、德国、澳大利亚、荷兰、日本等国的一些大城市都发生过。美国洛杉矶市早在 1943 年就出现了严重雾霾 [27]，直到 1970 年美国出台《清洁空气法案》后，空气质量才逐渐好转。1977 年一级污染天数为 121 天，1989 年下降到 54 天，1999 年才降为零。又如曾以“雾都”闻名于世的伦敦 [26] 也是如此。1952 年 12 月 5 日至 8 日，英国几乎全境为浓雾覆盖，温度逆增，逆温层在 40~150m 的低空形成酸雾，导致 1.2 万人死亡，4 天中死亡人数较常年同期人数约多 4000 人。1956 年英国议会通过《清洁空气法案》，到 20 世纪 80~90 年代，伦敦空气中污染物含量才降到接近现在的水平。

1974 年，我国兰州的西固石油化工区也出现了雾霾天气。近年来京津冀、长三角、珠三角和四川盆地频繁发生雾霾，其规模和复杂程度在国际上未有先例。挥之不去的雾霾严重影响人们的正常生活，成为老百姓的“心肺之患”。虽然雾霾属于大气污染，但它与土壤有一定关系。近年来，我国多个城市连续出现雾霾天气，已产生了比较严重的影响。据中国科学院大气物理研究所的研究[28]，北京空气中 $PM_{2.5}$ 的来源，除燃煤、生物质燃烧、汽车尾气与垃圾燃烧、工业污染和二次无机气溶胶 5 个重要来源外，土壤扬尘的平均贡献率达 15%。治理雾霾是一个艰巨和持久的过程，要有序调整能源和产业结构等，减少扬尘也是一个不可忽视的举措。

5.6 大型水利工程中的土壤生态事件

5.6.1 国外大型水利工程兴建的起伏

20 世纪 20~30 年代以来，世界上不少国家以流域为单元、水资源的综合开发利用为核心，合理地组织、布局生产力，建立工业走廊、密集的城市群和产业带，促进了经济的迅速发展[29]。美国在田纳西州、科罗拉多河上游、哥伦比亚河等流域进行开发治理，并与加拿大和墨西哥合作在加利福尼亚州开展北水南调工程；苏联进行伏尔加河、安加拉 - 叶尼塞河等流域的开发治理。发展中国家如非洲的埃及在尼罗河上游修建了阿斯旺大坝；南亚的巴基斯坦在红河上游修建大坝，形成库渠系统，使之成为世界上受灌面积比重最高的地区之一；南美洲巴西亚马孙河流域的开发使之与世界现代化的经济文化进一步联系起来。

到了 20 世纪 60~70 年代，人类活动对自然界的干预和影响越来越大。建筑高坝或引水工程带来的严重生态环境后果逐渐显现，如埃及修了阿斯旺高坝，出现了没有料到的下游河道水位下降，地下水位上升，土壤次生盐渍化日益严重。一年一度的尼罗河泛滥也消失，农田失去肥源，给农业带来很大损失。亚马孙河地区大量毁林开荒发展农牧业，导致河流洪水暴涨，泛滥面积扩大，危及到两岸沼泽保护功能的发挥，而且将引发全球性气候的灾难性变化。研究表明[30]，大型水利工程和跨流域调水对自然和人类都是与可持续发展观念背道而驰的，不少人呼吁减少甚至放弃兴建大坝和调水的计划。在 20 世纪 80 年代以后，美国、加拿大、墨西哥和苏联就极大地减少或放弃了兴建大坝和跨流域调水工程。

代面朝黄土背朝天的农民大众，他们谈起生于斯、养于斯的乡土时，那种沸沸之意和洋洋之思不亚于他们的先辈。另一类是把自己一生精力都用于了解这个国家的土壤学者、农学家和作家，他们对自己国家和乡土的理解和思考，使他们与这块大地结下了不解之缘，比旁人更多了一层眷念。本章介绍的 3 位诺贝尔文学奖获得者的代表作，就是这种乡土情结最鲜明的体现。

6.2.1 美国，赛珍珠的《大地》（*The Good Earth*）[3-4]
—— 一部充满乡土气息，展示土地是家庭建构基础的杰作

图 6-2 赛珍珠（1892~1973 年）

作者生平 赛珍珠（Pearl Buck，图 6-2），美国女作家，本名珀尔·赛登斯特里克·布克（Pearl Sydenstricker Buck），1892 年 6 月 26 日生于弗吉尼亚州，出生 3 个月随她的传教士父母来中国传教。她一生中的前 40 年，除回美国伦道夫·梅肯女子学院上大学和读硕士学位外，基本上都是在中国度过的，先住在苏北清江（现在淮安市），4 岁时全家迁到镇江，在这个城市度过童年和青少年时期。1914 年大学毕业后返回镇江教会中学教书，结婚后随丈夫，农业经济学家约翰·洛辛·布克（John Lossing Buck）在皖北宿州（现在淮北市）生活两年半，1919 年到南京金陵大学执教，在南京生活将近 12 年。生前曾加入中国国籍，1935 年回美国定居。写有 50 余部长篇小说，大多取材于中国。主要根据其在苏北、皖北黄泛区（多为潮湿雏形土，即潮土）农村和南京的生活经历写成的长篇小说《大地三部曲》（包括《大地》、《儿子》、《分家》），以及《东风·西风》，反映日本侵略给中国人民带来灾难的《龙种》等。赛珍珠精通汉语，是把中国小说《水浒传》翻译推向世界的第一人，另有传记《异乡客》、《战斗的天使》，自传《我的几个世界》等作品。她的作品曾被译成 145 种不同的语言出版，是作品流传语种最多的美国作家。1937 年抗日战争爆发后，她为中国人民的反侵略战争奔走，许多美国人正是通过赛珍珠的小说了解到中国，为中国人民的抗日战争解囊相助。1931 年《大地》在纽约出版，引起轰动。1938 年获诺贝尔文学奖。

《大地》梗概 《大地》是赛珍珠获诺贝尔文学奖的代表作，以中国江苏、安徽北部黄泛区农村 20 世纪 30 年代前后这段历史为背景，描述了家境贫寒的农民王龙娶了大户人家的女佣阿兰为妻。阿兰安分守己，一心一意侍奉丈夫、公公和抚养孩子。

角、珠三角和四川盆地频繁发生雾霾，其规模和复杂程度在国际上未有先例。挥之不去的雾霾严重影响人们的正常生活，成为老百姓的“心肺之患”。虽然雾霾属于大气污染，但它与土壤有一定关系。近年来，我国多个城市连续出现雾霾天气，已产生了比较严重的影响。据中国科学院大气物理研究所的研究[28]，北京空气中 $PM_{2.5}$ 的来源，除燃煤、生物质燃烧、汽车尾气与垃圾燃烧、工业污染和二次无机气溶胶 5 个重要来源外，土壤扬尘的平均贡献率达 15%。治理雾霾是一个艰巨和持久的过程，要有序调整能源和产业结构等，减少扬尘也是一个不可忽视的举措。

5.6 大型水利工程中的土壤生态事件

5.6.1 国外大型水利工程兴建的起伏

20 世纪 20~30 年代以来，世界上不少国家以流域为单元、水资源的综合开发利用为核心，合理地组织、布局生产力，建立工业走廊、密集的城市群和产业带，促进了经济的迅速发展[29]。美国在田纳西州、科罗拉多河上游、哥伦比亚河等流域进行开发治理，并与加拿大和墨西哥合作在加利福尼亚州开展北水南调工程；苏联进行伏尔加河、安加拉－叶尼塞河等流域的开发治理。发展中国家如非洲的埃及在尼罗河上游修建了阿斯旺大坝；南亚的巴基斯坦在红河上游修建大坝，形成库渠系统，使之成为世界上受灌面积比重最高的地区之一；南美洲巴西亚马孙河流域的开发使之与世界现代化的经济文化进一步联系起来。

到了 20 世纪 60~70 年代，人类活动对自然界的干预和影响越来越大。建筑高坝或引水工程带来的严重生态环境后果逐渐显现，如埃及修了阿斯旺高坝，出现了没有料到的下游河道水位下降，地下水位上升，土壤次生盐渍化日益严重。一年一度的尼罗河泛滥也消失，农田失去肥源，给农业带来很大损失。亚马孙河地区大量毁林开荒发展农牧业，导致河流洪水暴涨，泛滥面积扩大，危及到两岸沼泽保护功能的发挥，而且将引发全球性气候的灾难性变化。研究表明[30]，大型水利工程和跨流域调水对自然和人类都是与可持续发展观念背道而驰的，不少人呼吁减少甚至放弃兴建大坝和调水的计划。在 20 世纪 80 年代以后，美国、加拿大、墨西哥和苏联就极大地减少或放弃了兴建大坝和跨流域调水工程。

5.6.2 20世纪我国治理黄河的教训

黄河为中华民族的母亲河，历史上水患灾害不断。1949年，黄河水利委员会成立后，便开始研究黄河的全面治理工作，通过对黄河干、支流广泛调查，形成蓄水拦沙的治黄指导思想。1954年邀请苏联学者帮助规划，在他们看来，水土保持加拦沙水库就可以使黄河变清。于是1955年7月全国人大通过以“蓄水拦沙、梯级开发、综合利用使黄河变清”的治黄规划。三门峡、刘家峡等大型骨干工程相继开工。但是，由于科学论证不足，不久就发现除上游的盐锅峡、刘家峡、青铜峡、三盛公等工程基本成功外，黄土高原水土保持工程的进度和减沙的作用远远低于预期。首先，规划的10座支流拦沙水库，因要淹没大批良田而未兴建；其次，委托苏联设计的三门峡水库一投入使用就发生严重的泥沙淤积，发展下去很快会威胁陕西关中平原和西安市安全，因而不得不放弃原规划，降低水位，统一排沙并进行改造；第三，下游花园口和位山枢纽也因泥沙淤积严重，影响了防洪安全而被迫破除，洛口和王旺庄枢纽相继中途停建。大规模的引黄灌溉因为只灌不排而发生严重土壤次生盐渍化，只好停灌。由于对自然规律认识不足，仅凭主观愿望，致使许多新建工程报废，巨型发电机组被拆除，建成的大坝被炸毁，生态被破坏，使治黄工作陷入困难境地，给国家和人民带来巨大的损失[29]。

5.6.3 长江三峡工程回眸

长江是我国第一大江，世界第三大河，长江流域大部分处于亚热带范围，是我国经济发达地区。由于人口增长和经济发展，对环境的压力越来越大。兴建长江三峡水利枢纽这项世界上目前最大的水电工程，举世瞩目[30-32]。总体讲，三峡工程对生态与环境的影响有利有弊，有利的影响主要表现在：

（1）三峡建坝后，有效地减小了长江中、下游地区因洪涝灾害带来的生态与环境破坏，并可缓解洞庭湖的淤积。

（2）三峡工程利用水能资源发电，与燃煤发电相比，对减少污染的排放有明显的效果，经济和社会效益显然在其他中、小型水利工程之上。

在长江这样一条大江的干流上拦腰筑坝，对于流域生态与环境的不利影响主要表现在：

（1）对土地资源的影响。三峡库区目前土地已经过垦，库区旱地坡度在25°以上的占25%左右，有的地区已达50%以上，后备耕地资源极其短缺。三峡工程百万以上的移民与13个城市迁建，使本来就十分紧张的人地关系更趋紧张。如果要求库区粮食自给，势必导致库区坡地的进一步过垦，加剧植被破坏、水土流失和生态恶化。

（2）对水土流失和环境地质的影响。三峡工程库区及其上游是水土流失、滑坡、岩崩多发地区。生态环境已遭到十分严重的破坏，移民搬迁、城镇新建时，如果对土地开发利用不当，将会增加水土流失、滑坡、泥石流的发生。

（3）对长江各区段的影响。三峡水库长期运行后，对库尾地区防洪不利；坝下沿江和湖区低洼农田土壤的潜育化、沼泽化将有所增加；蓄水期，下泄流量减少，会加重枯水年份长江下游河口海水入侵的危害。2014年以来，大通站年均径流量下降8.4%，上海客水水质下降。

如果对出现的副作用加以重视和研究，并采取有力措施，可以把损失和不利影响减小到最低限度；如果轻视、否认副作用，任三峡库区及上游的生态与环境继续遭到破坏，将直接影响到三峡水利枢纽的有效运行，并会阻碍库区的经济社会发展，给子孙后代留下很大后患。在三峡工程开工20年，运行11年，南水北调东线和中线工程也先后通水的今天，三峡工程虽已显现一定效益，但公众依然担心这几个工程给长江中下游生态环境带来影响。因此，我们建议：加强水土保持、地质灾害、极端天气的监测预报，做好政策和信息的沟通，积极回应公众的关切。受三峡大坝拦截水沙流和南水北调东线调水影响，南通海门长江水厂2014年1月份有半个月没取到淡水，同时阻碍了长江入海口滩涂的自然成长。应准确弄清长江和汉江到底有多少多余的水可供北调，并切实贯彻落实习近平总书记“先节水后调水，先治污后通水，先环保后用水”的指示。

小 结

土壤学是在解决实践中出现的问题，特别是在解决一些重大环境事件中得以发展并造福人类的。从历史上的环境事件来看，人们始终在追寻着“健康的土壤”，以便生活在一个“青山、绿水、净土、洁食”的健康环境中。所谓健康的土壤是指促进动、植物健康，并通过动、植物促进人类健康的土壤。健康土壤学最根本的问题是研究土壤如何促进人体健康的功能。传统土壤学往往以肥力为中心，环境土壤学以解决土壤污染问题为目标，而健康土壤学以保持和促进人体健康为核心。健康土壤学着重研究土壤固、液、气三相体系的物理性状、化学组成、化学变化以及生物学，特别是微生物活性，如何最大限度地抵御、缓解和净化外来污染物的能力，以生产健康的食品。

总之，健康土壤是指一个具有生物多样性和高度生物活性的土壤；简言之是具备水土协调、养分平衡、不受污染，并有可持续自净能力的土壤。我们希望“问题土壤”越来越少；而“健康土壤”越来越多。

参考文献

[1] 陈怀满 . 环境土壤学 . 第 2 版 . 北京 : 科学出版社 , 2010
[2] 龚子同 , 等 . 土壤地球化学的进展和应用 . 北京 : 科学出版社 , 1985: 1–16
[3] Siegel F R. Biogeochemical Prospecting//Applied Geochemistry. Wiley–Interscience Publication, 1974: 121–151
[4] 侯学煜 . 中国植被地理及优势植物化学成分 . 北京 : 科学出版社 , 1983
[5] 欧阳洮 , 龚高实 , 等 . 柑橘土壤微量元素含量与柑橘生长 // 龚子同 . 中国名特优农产品的土宜 . 长春 : 吉林人民出版社 , 1994: 54–57
[6] 谭见安 . 地球环境与健康 . 北京 : 化学工业出版社 , 2004: 235–237
[7] Hamilton E I, Minski M J, Cleary J J. The concentration and distribution of some stable elements in healthy human tissues from the United Kingdom an environmental study. The Science of the Total Environment, 1973, 1(4): 341–374
[8] 顾迁 . 淮南子 . 北京 : 中华书局 , 2009: 64–68
[9] 林年丰 . 医学环境地球化学 . 长春 : 吉林科学技术出版社 , 1991
[10] Ковальский В В. Современые задачи и проблемы биогеохимии. Труды биогеохимии, лабор Том, 1979: 17
[11] Gong Z T, Luo G B. Pedogeochemical environments and people’s health in China. Pedosphere, 1992, 2(1): 71–77
[12] 龚子同 , 黄标 . 土壤中硒、氟、碘元素的空间分异与人类健康 . 土壤学进展 , 1994, 22(5): 1–12
[13] Welch R M, Allaway W H, House W A, et al. Geographic distribution of trace element problems// Mortvedt J J, et al. Micronutrients in Agriculture, Madison, Wisconsin. USA: Soil Science Society America, Inc., 1991: 31–57
[14] Kubota I. Regional distribution of trace element problems in North America//Davica B E. Applied Soil Trace Elements. London: John Wiley and Sons, 1980: 443–466
[15] Levesque M. Selenium distribution in Canadian soil profiles. Canadian Journal of Soil Science, 1974, 54(1): 63–68

[16] Lévesque M. Some aspects of selenium relationships in eastern Canadian soils and plants. Canadian Journal of Soil Science, 1974, 54(2): 205–214

[17] 郑达贤，李日邦，王五一 . 初论世界低硒带 . 环境科学学报，1982, (3): 241–249

[18] Thornton I. Applied Environmental Geochemistry. London: Academic Press, 1983: 267–308

[19] Fortescue J A C. The role of major and minor elements in the nutrition of plants, animals and man// Siegel F R. Review of Research on Modern Problem in Geochemistry, 1979: 57–87.

[20] 弗・卡特，汤姆・戴尔 . 表土与人类文明 . 庄崚，鱼姗玲译 . 北京：中国环境科学出版社，1987: 1–218

[21] 美索不达米亚 . http: //baike. baidu. com/view/48544. htm. [2015–7–28]

[22] 古巴比伦王国 . http: //baike. baidu. com/view/48511. htm. [2015–7–28]

[23] National Weather Center. "Black Sunday" Dust Storm of 4/14/1935. http: //www. srh. noaa. gov/oun/?n=events–19350414–notes. [2015–7–28]

[24] 黑色风暴 . http: //baike. baidu. com/view/568735. htm. [2015–7–28]

[25] 中国大百科全书出版社编辑部 . 中国大百科全书 (环境卷). 北京：中国大百科全书出版社，1990: 126–128

[26] 中国大百科全书总编辑委员会《环境科学》编辑委员会 . 中国大百科全书・环境科学 . 北京：中国大百科全书出版社，1984: 126, 138–141, 258–265

[27] 新华社 . 治理雾霾为何要这么久？扬子晚报，2014–1–15(A5 版)

[28] 新华社 . $PM_{2.5}$ 有六大来源，尾气贡献率为 4%. 扬子晚报，2014–1–1(A13 版)

[29] 张庆宁 . 世界大河流域的开发与治理 . 北京：地质出版社，1993: 1–285

[30] 中国科学院三峡工程与环境科学研究项目领导小组 . 长江三峡工程对生态与环境的影响及对策研究 . 北京：科学出版社，1988

[31] 上海发展战略研究会 . 三峡工程的论证与决策 . 上海：上海科学技术文献出版社，1988: 1–446

[32] 徐琪，刘逸农，等 . 三峡库区移民环境容量研究 . 北京：科学出版社，1993: 1–144

第6章 土壤文化传天下

文化是指人类创造的物质财富和精神财富的总和，特指精神财富，如文学、艺术、教育、科学等[1]。土壤文化是整个文化的一个支流。它以土壤为载体，以记事或抒情为主要表现形式，反映劳动人民和社会各阶层与土壤的关系、生产和生活各方面的思想情感。土壤文化为何能被不同民族、不同国家所认同而得到广泛传播呢？这是因为它特别“接地气”，植根于民族文化和乡土历史之中，深入到人们生活的方方面面，反映人们的心声和期望，具有独特的内涵和多样性。

6.1 “土壤”一词是世界性的

6.1.1 各个国家都有“土壤”一词

世界上各个国家和民族的语言，不论语种繁简，“土壤”两字像“母亲”两字一样，在所有语言中均可找到。例如：

汉语	土	英语	Soil	俄语	Почва
印度语	मृदा	德语	Boden	希伯来语	אדמה
阿拉伯语	تُرْب	法语	Sol	葡萄牙语	Solos
泰语	ดิน	意大利语	Soulo	西班牙语	Suelo
朝鲜语	흙	拉丁语	Solum		

6.1.2 土壤是力量的源泉

土壤文化和土地之神的信仰有着相同的因子。以土地崇拜为例，当属欧洲古代文明发源地的希腊最有特色。土是古希腊神话的重要题材。传说克洛诺斯与瑞亚生有 3 个儿子，名叫波塞冬、宙斯和哈得斯[2]。当初，3 兄弟划分势力范围，宙斯获得了天空，哈得斯掌管大地，而波塞冬成了大海和湖泊的君主。于是，他们创造出流传千古的神话。波塞冬虽掌管环绕大陆的所有水域，他手持三叉戟并非只是作战的武器，也用来击碎岩石，令裂缝流出的清泉浇灌大地，让五谷丰登。因此，他也被称为“丰收之神”（图 6–1）。还有一个神话宣扬土地之神盖亚之子安泰，在搏斗时一接触土地就有无穷力量，所以不可战胜。后来一个叫赫拉克勒斯的识破他的秘密，把安泰举至空中而远离地面时，就失败了，说明古希腊人很早以前就把土壤视为力量的源泉。

图 6–1 古希腊神话中的丰收之神波塞冬[2]

6.2 诺贝尔文学奖中的土壤情结

中国有句俗话“人不亲土亲”，是跟自己祖国和家乡这块土地有过极为密切关系的人一种奇特的感情，这就是乡土情结。世间有两类人具有同样的情结，一是世代面朝黄土背朝天的农民大众，他们谈起生于斯、养于斯的乡土时，那种沸沸之意和洋洋之思不亚于他们的先辈。另一类是把自己一生精力都用于了解这个国家的土壤学者、农学家和作家，他们对自己国家和乡土的理解和思考，使他们与这块大地结下了不解之缘，比旁人更多了一层眷念。本章介绍的3位诺贝尔文学奖获得者的代表作，就是这种乡土情结最鲜明的体现。

6.2.1 美国，赛珍珠的《大地》（*The Good Earth*）[3-4]
—— 一部充满乡土气息，展示土地是家庭建构基础的杰作

图 6-2 赛珍珠（1892~1973 年）

作者生平 赛珍珠（Pearl Buck，图 6-2），美国女作家，本名珀尔·赛登斯特里克·布克（Pearl Sydenstricker Buck），1892 年 6 月 26 日生于弗吉尼亚州，出生 3 个月随她的传教士父母来中国传教。她一生中的前 40 年，除回美国伦道夫·梅肯女子学院上大学和读硕士学位外，基本上都是在中国度过的，先住在苏北清江（现在淮安市），4 岁时全家迁到镇江，在这个城市度过童年和青少年时期。1914 年大学毕业后返回镇江教会中学教书，结婚后随丈夫，农业经济学家约翰·洛辛·布克（John Lossing Buck）在皖北宿州（现在淮北市）生活两年半，1919年到南京金陵大学执教，在南京生活将近12年。生前曾加入中国国籍，1935 年回美国定居。写有 50 余部长篇小说，大多取材于中国。主要根据其在苏北、皖北黄泛区（多为潮湿雏形土，即潮土）农村和南京的生活经历写成的长篇小说《大地三部曲》（包括《大地》、《儿子》、《分家》），以及《东风·西风》，反映日本侵略给中国人民带来灾难的《龙种》等。赛珍珠精通汉语，是把中国小说《水浒传》翻译推向世界的第一人，另有传记《异乡客》、《战斗的天使》，自传《我的几个世界》等作品。她的作品曾被译成 145 种不同的语言出版，是作品流传语种最多的美国作家。1937 年抗日战争爆发后，她为中国人民的反侵略战争奔走，许多美国人正是通过赛珍珠的小说了解到中国，为中国人民的抗日战争解囊相助。1931 年《大地》在纽约出版，引起轰动。1938 年获诺贝尔文学奖。

《大地》梗概 《大地》是赛珍珠获诺贝尔文学奖的代表作，以中国江苏、安徽北部黄泛区农村 20 世纪 30 年代前后这段历史为背景，描述了家境贫寒的农民王龙娶了大户人家的女佣阿兰为妻。阿兰安分守己，一心一意侍奉丈夫、公公和抚养孩子。

她意志坚强，能干而有主见。几经波折，王家拥有了土地，家境日渐殷实。后阿兰病逝，年迈的王龙将家产交给儿子管理，但仍念念不忘土地。小说的主线是展示王龙一家以坚韧毅力忍受着生活磨难和家庭的变迁，表现中国农民忍耐、俭朴、勤劳、顽强的形象。副线深刻地剖析农民身上陈旧的观念和习俗。两条线交叉进行，在故事之间穿插连年不断的旱涝、蝗虫等天灾和兵匪、强盗等人祸。将当时中国农村的主流与落后的一面表现得淋漓尽致，极具时代色彩和中国乡土特色。小说将中国农民的恋土情结和家庭观念视为中华民族的基本精神，得到经历过30年代经济大萧条的西方读者的理解。

诺贝尔奖颁奖词　1938年12月，在盛大的诺贝尔文学奖授奖仪式上，瑞典学院主持人介绍赛珍珠所做的开场白："赛珍珠女士，你通过那些具有高超艺术品质的文学著作，使西方世界对于人类伟大而重要的组成部分——中国人民有了更多的理解和认同。你用你的作品，使我们懂得如何在人口众多的中国人中看到个人，并向我们展示了家庭的兴衰变迁，也展示了土地乃是家庭建构的基础。由此，你赋予了我们西方人某种中国精神，使我们认识和感受到那些弥足珍贵的思想和情感，而正是这样的思想情感，才把我们作为人类在这地球上连接在一起。"

6.2.2 俄罗斯，肖洛霍夫的《静静的顿河》(*Тихий Дон*)[4,5] ——一部在俄罗斯黑土地上孕育出来的文学奇葩

作者生平　肖洛霍夫(Михаи́л Алекса́ндрович Шо́лохов)(图6–3)，苏联作家。1905年5月24日出生在顿河维申斯克镇附近的克鲁日林村。他的一生中绝大部分时间在那里度过。顿河是俄罗斯第二大河，发源于莫斯科以南，全长1870km，流域面积42.2万km^2，大部分处于"中央黑土区"，自北向南有北方黑土、厚层黑土、普通黑土、南方黑土。黑土富含腐殖质，是肥沃的土地。黑土养育了顿河，顿河浇灌了黑土，是俄罗斯的粮仓，俄罗斯一半的耕地是黑土，其粮食产量占全俄的80%以上，历来是兵家必争之地。顿河哥萨克民族在黑土地上通过战争，在痛苦和流血之后最终走向了社会主义。顿河、黑土是其创作的源泉，成就了这位仅受过4年正规教育的文学巨匠。国内战争时期曾任武装征粮员，卫国战争时期任军事记者。1923年开始发表作品，早期作品反映顿河地区尖锐复杂的革命和内战，主要有短篇小说集《顿河故事》和《浅蓝的原野》。1926~1940年创作长篇小说《静静的顿河》，获斯大林奖。1932~1959年创作长篇小说《被开垦的处女地》，描写苏联实行农业集体化的复杂过程，获列宁奖。1957年发表短篇小说《一个人的遭遇》，描写德国法西斯给人民带来的苦难。1939年当选为苏联科学院院士，1965年获诺贝尔文学奖。

图 6-3 肖洛霍夫（1905~1984 年）

《静静的顿河》梗概　《静静的顿河》全书 4 部 8 卷，140 多万字，以广阔的画面展现 1912~1922 年这个历史时期顿河草原黑土地带的社会面貌和人民的特殊气质。历经第一次世界大战、二月革命、十月革命、国内战争时期哥萨克的叛乱，所触及的空间从平静的农庄到硝烟弥漫的战场，从列强伺机入侵的边疆到中心地带的城市。肖洛霍夫通过描写主人公葛利高里与时代的复杂关系，从普通人的角度反观大时代里的大变动，唱出一首人道主义的悲歌。

葛利高里的命运始终处于小说的中心位置，他有两大追求，一是爱情与婚姻，二是作为哥萨克的名誉。而在这两个方面，葛利高里的结局都是悲惨的。造成葛利高里悲剧的原因是多方面的。首先，是哥萨克的身份。哥萨克是俄国历史上形成的一个特殊社会阶层，“哥萨克”一词源于突厥语，意为自由人。15~17 世纪俄国从农奴制压迫下逃出来的奴隶，后来聚居在顿河，就被叫哥萨克。由于他们替沙皇政府镇守边疆，被免除劳役、赋税，并获得土地，同时成为沙皇兵力主要来源，久而变为特殊的军人阶层。特殊的历史，使哥萨克既保留着许多封建思想，又酷爱自由、粗犷善战。其次，是在矛盾的哥萨克环境中成长起来的葛利高里身上，除了厌恶白军的腐朽反动，又对红军的过激行为不能容忍，而在具体行动中又始终处于无可奈何、无法选择的状态，这便是葛利高里悲剧之所在。

诺贝尔奖颁奖词和专家点评　瑞典文学院常任秘书安德斯·奥斯特林在颁奖词中指出：“肖洛霍夫的少年时代是在顿河哥萨克乡村度过的。所以，他对故乡的深厚感情是建立在居住在那里人民的特殊气质和那里美丽的景色基础上的。这部长篇史诗的出版，相对来讲隔了较长时间，并且苏联的批评家们长时期来也都是带着忧虑的心情看待它。正因为他的这一主题会引起争议，肖洛霍夫在着手撰写这部小说之际，毫无疑问就在作一个大胆的尝试。瑞典文学院之所以要支持这个决定，是强调肖洛霍夫在那部描写顿河流域的史诗般的杰作中，以强烈的艺术力和正直的创造性，真实地反映了俄罗斯民族生活的一个历史阶段。”“这个荣誉之所以给你，是表示您对现代苏联文学的重要贡献的公正和感谢之情，同时也为了表示您如同在国内一样，在全世界的重要贡献。”

专家指出，肖洛霍夫对顿河无比热爱，书中经常出现作者对顿河、黑土发自内心的充满激情的赞颂，引用了许多民歌民谣，尽显顿河两岸大草原和黑土的自然风光、乡土风情，青草和泥土的浓烈味道，让读者过目不忘。也正因为如此，这部作品在时间的流逝中依然光彩夺目，十分耐读。

6.2.3 中国，莫言的《蛙》等[6-9]
—— 一系列充满乡土气息、虚幻跟民间故事的先锋之作

图 6-4　莫言（1955~）

作者生平　莫言（图 6-4），中国作家，1955年2月17日生，原名管谟业，山东高密人。高密市位于胶东低山丘陵南部，谷宽坡缓，处于“山东棕壤”（湿润淋溶土）和砂姜黑土（变性土）地区。他家乡的土地上，不仅流传许多改朝换代的历史及神仙鬼怪的故事，而且有三贤四宝这样的文化遗产。这些民间故事、艺术和文化一直伴随着他成长。他小学肄业，在家务农，后来参军，复员后开始从事文学创作。由于他从小耳濡目染有关神仙鬼怪之类的文化元素，当他拿起笔来进行文学创作时，这些就成了他的素材或原型，摇笔即来，影响了甚至决定了他的艺术风格。笔下悲欢离合，皆植根于厚土，魂系苍生，所著之文，字字天真，不失沧桑。他曾说：“我母亲的骨灰，埋葬在村庄东边的桃园里。去年，一条铁路要从那儿穿过，我们不得不将她的坟墓迁移到距离村子更远的地方。掘开坟墓后，我们看到，母亲的骨殖，已经与泥土混为一体。只好象征性地挖起一些泥土，移到新的墓穴里。也就从那一时刻起，我感到，我的母亲是大地的一部分，我站在大地上的诉说，就是对母亲的诉说。”他的作品充满着“怀乡”、“怨乡”的复杂情感，被称为“寻根文学”作家。作品深受魔幻现实主义影响，在小说中构建独特的主观感觉世界，塑造神秘超强的对象世界，带有明显的“先锋色彩”。他的主要作品有《红高粱》、《檀香刑》、《丰乳肥臀》、《酒国》、《生死疲劳》、《蛙》等30余部。2011年8月，他凭长篇小说《蛙》获第八届茅盾文学奖。2012年10月11日因《蛙》等作品获诺贝尔文学奖。

《蛙》、《丰乳肥臀》梗概　《蛙》由剧作家蝌蚪写给日本作家杉谷义人的四封长信和一部话剧构成，以新中国近60年波澜起伏的农村生育史为背景，通过讲述从事妇产科工作50多年的乡村女医生姑姑的人生经历，在展示乡土中国60年生育史的同时，剖析了当代知识分子怯弱的灵魂。

《丰乳肥臀》以20世纪的100年为背景。小说主人公上官鲁氏一共生活了95年，经历了清末、民初、抗战、国共内战、新中国成立后各个历史阶段。小说里，作者用丰乳来代表母亲，歌颂母爱、歌颂人性。同时，通过上官鲁氏8个女儿命运坎坷、个性鲜活的女性群体，深刻地刻画中国当代的历史演变，是中国农村当代乡土历史的真实写照。

诺贝尔奖颁奖词和中国作协的贺词　2012年12月10日在诺贝尔颁奖典礼上，诺奖委员会的颁奖词是：他很好地通过“魔幻现实主义将民间故事、历史与当代社会融合在一起”。

中国作协贺词称，“自20世纪80年代以来，莫言一直身处中国文学探索和创作的前沿，作品深深扎根于乡土，从生活中吸取艺术灵感，从中华民族百年来的命运和奋斗中汲取力量，以奔放独特的民族风格，有力地拓展了中国文学的想象空间、思想深度和艺术境界。莫言的获奖，表明国际文坛对中国当代文学及作家的深切关注，表明中国文学所具有的世界意义。”

6.3 世界名家谈土壤文化

6.3.1 中外名人学者土壤格言

百谷草木丽乎土。

——《易经·离》（中）

土壤科学，特别是农业土壤学同其他有关学科一样，在完成农业生产的伟大任务中，起着巨大作用。农业土壤学的任务首先是掌握土壤肥力发展规律，制订不断提高土壤肥力的措施，保证高产而稳定的土壤肥力水平，不断提高单位面积产量，保证农业生产的持续跃进。

——马溶之（中）[10]

土壤科学是一门综合性很强的科学，要使土壤学发挥更大作用，必须加强学科的交叉与渗透，要注意自然因素与社会诸多因素的相互作用。面向生产和加强基础研究的一致性，将成为今后土壤科学研究的重点。

——李庆逵（中）[11]

土壤是一个独立自然体，是陆地生态系统中的中央枢纽，也是人类智慧和劳动可支配的人工生态系统。它可以生产极为重要而又有多种用途的有机产品。如遭破坏或污染，要想利用动、植物以取得满意的生物产品是不可能的。所以土壤生态系统的研究既要重视自然条件，又要考虑社会经济条件，并且要强调人的主观能动作用。

——熊毅（中）[12]

土壤肥力是土壤与植物双方进行生理协调过程中，土壤不断调节和供应水、热、气、肥以保证作物正常生长的能力。天然土和耕作土，在肥力增进速度上，存在着极大差异……耕作土肥力演变速度，可以几百万倍于天然土。

——侯光炯（中）[13]

土壤学要解决大面积土壤资源利用改良问题。仅仅从农业角度考虑还不够，因为土壤、土地有多种功能，和工业、建筑业、交通运输、生态、环保及地方病防治……都有土壤学服务内容。

——李连捷（中）[14]

水是一切生命之源，土是万物生长之本。人类在生物圈中的生存和发展，以致目前人类繁荣昌盛和万物郁郁葱葱等，主要有赖于以往水土互相协调的生态环境。而这种协调关系，随着人类生产活动，尤其是掠夺式经营方式的加剧，不断地遭受破坏，在某些地区甚至导致严重的水土矛盾。

——朱显谟（中）[15]

你们知道我是谁？我是地球的地膜。我是你们的保护膜，你们的缓冲，能量、水和生化成分的媒介。我是你们生命的支撑，你们元素的最终源泉，大部分生物的栖息地。我是支持你们的基石，你们神话的摇篮，你们最终归宿的尘土，我是土壤。

——Dick Arnold（美）[16]

自然规律制约着民族兴亡，否定了维持土壤肥力的条件，不再保存自己生存的条件，国家就要灭亡，保持这些条件，就可以保持这个国家永世长存。

——李比希（德）

我们不要过分陶醉于我们人类对自然界的胜利。对于每一次这样的胜利，自然界都对我们进行了报复。

——恩格斯（德）

没有不良的土壤，只有不良的耕作技术。

——B. P. 威廉斯（俄）

6.3.3 法国《克兰让达尔土壤宣言》[22]

1998 年 5 月 6~10 日，在“负责任的统一世界联盟”土壤动员计划协调者与法兰西帕克斯·克里斯蒂组织的“保护和管理自然”委员会倡导下，在法国阿尔萨斯州克兰让达尔城堡举行了主题为“土壤、文化和精神性”研讨会，来自不同文化和宗教的重要人物，以及公众、管理界和科学界代表在会上充分交换了意见，这一土壤宣言是这次研讨会的讨论成果。其要点如下：

《宣言》首先指出：科学知识可以让人们更好地理解土壤对地球生命和自然平衡以及对个人、社会和不同人类活动的重要作用，也让人们更好地确定土壤这种自然资源所面临的威胁。

1. 土壤对生命不可或缺

一般而言，土壤担负着生命的某些基本功能，具体而言，土壤满足了人类的需要、维护了人类的健康。

2. 土壤生产出食物

土壤包含并生产了所有生命所必需的水和空气等元素，决定了粮食的产出数量。

3. 土壤控制着水

水在土壤中流过，可被土壤过滤、转化和净化。土壤可调节地下含水层的物质构成和水流方式。但是今天人们发现水文系统已出现紊乱，这可能会加剧全球水质量的不均衡分布，而这有可能成为未来纷争的引发点。

4. 土壤保障食物链的运行与稳定

今天，土壤越来越多地被当成工农业生产和城市生活用水的净化系统。农产品和饮用水质量依赖于土壤对固体和液体物质的净化能力。今天，许多密集耕种地区的土壤净化能力已达到其极限。相比土壤恶化，公众舆论对于水质恶化的问题更为敏感，而水质恶化多由土壤净化能力减弱造成。土壤中大量积累的化学产品已成为威胁我们生命的定时炸弹。

5. 土壤是人类活动的物质载体

土壤支持着人类的基础设施、居民住宅、工业活动、交通、废物排放、体育活动以及休闲娱乐等活动。土壤还是建筑和工业手工业活动的原材料。因此，土壤常常成为人类活动争夺的对象。

6. 土壤包含了多样化的生命形式

土壤是一个巨大的生命基因库，而且包含了部分陆地生物品种，其中许多并不为人知晓。许多生命循环几乎全在土壤中进行。如果失去土壤，我们将不可确切知

坏或污染，要想利用动、植物以取得满意的生物产品是不可能的。所以土壤生态系统的研究既要重视自然条件，又要考虑社会经济条件，并且要强调人的主观能动作用。

——熊毅（中）[12]

土壤肥力是土壤与植物双方进行生理协调过程中，土壤不断调节和供应水、热、气、肥以保证作物正常生长的能力。天然土和耕作土，在肥力增进速度上，存在着极大差异……耕作土肥力演变速度，可以几百万倍于天然土。

——侯光炯（中）[13]

土壤学要解决大面积土壤资源利用改良问题。仅仅从农业角度考虑还不够，因为土壤、土地有多种功能，和工业、建筑业、交通运输、生态、环保及地方病防治……都有土壤学服务内容。

——李连捷（中）[14]

水是一切生命之源，土是万物生长之本。人类在生物圈中的生存和发展，以致目前人类繁荣昌盛和万物郁郁葱葱等，主要有赖于以往水土互相协调的生态环境。而这种协调关系，随着人类生产活动，尤其是掠夺式经营方式的加剧，不断地遭受破坏，在某些地区甚至导致严重的水土矛盾。

——朱显谟（中）[15]

你们知道我是谁？我是地球的地膜。我是你们的保护膜，你们的缓冲，能量、水和生化成分的媒介。我是你们生命的支撑，你们元素的最终源泉，大部分生物的栖息地。我是支持你们的基石，你们神话的摇篮，你们最终归宿的尘土，我是土壤。

——Dick Arnold（美）[16]

自然规律制约着民族兴亡，否定了维持土壤肥力的条件，不再保存自己生存的条件，国家就要灭亡，保持这些条件，就可以保持这个国家永世长存。

——李比希（德）

我们不要过分陶醉于我们人类对自然界的胜利。对于每一次这样的胜利，自然界都对我们进行了报复。

——恩格斯（德）

没有不良的土壤，只有不良的耕作技术。

——B. P. 威廉斯（俄）

人类在文明进步的过程中，虽然已经发展了多种技能，但是却几乎没有学会保护土壤这个食物的主要源泉。令人费解的事实是：人类最光辉的成就却大多导致了奠定文明基础的自然资源的毁灭。

——弗·卡特（美）[17]

利用自然资源不见得必须破坏它。人们可以在向自然索取的同时保护绝大多数自然资源。所有可以更新的自然资源，诸如土壤、森林、草地、水与野生动物等，在有效的资源保护计划下能比单纯的掠夺式经营生产出更多的产品，而且它们的生产能力还能不断地世代递增。

——弗·卡特（美）[17]

薄层土壤的衰竭或消失，可能危及经济发展和政治稳定的程度更甚于石油储量的减少，但对土壤的衰竭和消失远没有得到对石油衰竭同样的重视。

——佚名（美）[18]

一个毁坏自己土壤的国家，必将毁灭自己。

——富兰克林 D. 罗斯福（美）[19]

我们可以说地球是活的生灵，土壤是她的血肉之躯。

——达·芬奇（意）[19]

人们很少静下心来庆幸拥有如此美丽而神奇的土壤。像其他自然体一样，分布于世界各地的土壤，很多有趣的秘密需要耐心的观察者去揭示啊！

——Les Malloy（新西兰）[19]

历史赞美把人们引向死亡的战场，却不屑于一提养活我们的耕地；历史牢记皇帝私生子的名字，却不能告诉我们麦子是从哪儿来的，这就是人的愚蠢之处。

——法布尔（法）[20]

一切皆由土生，也最终归于土。

——Xenophanes（希腊）[19]

6.3.2 一位酋长给总统公开回信的故事[21]

1854 年，美国第 14 任总统富兰克林给印第安酋长写信，要为到达美国的移民购买部落的土地。这种情况下，西尔斯（后被称为西雅图）回了一封信，此即历史上有名的《西雅图宣言》。

他在《宣言》中首先指出："总统从华盛顿来信说，想购买我们的土地。但是，土地、天空，怎能买卖呢？这里的每一块地，对我们来说都是神圣的……"他接着指出："我们熟悉树液流经树干，正如血液流经我们血管一样。我们是大地的一部分，大地是我们的一部分。芬芳的花朵是我们的姊妹，麋鹿、骏马、雄鹰是我们的兄弟，山岩、草地、动物和人类全属于一个家庭。"他继续指出："如果我们放弃这片土地，转让给你们，你们必须记住：如同空气一样，土地对我们所有生命都是宝贵的，它给了我们祖先第一次呼吸，也接受了他最后一次叹息；同样地，又将给我们每个子孙以及所有生命以灵魂。因此，你们必须保持土地的神圣性，任何人都可以享受土地上的百花争艳和扑鼻馨香。"

他最后强调"我们知道，人类属于大地，而大地不属于人类。世界上万物都是互相关联的，生命之网并非人类所编织。人类不过是网中的一根线、一个结。但人类所做的一切，最终会影响到这个网，也影响到人类本身。因为降临到大地上的一切，终究会降临到大地的儿女们身上。"

这份《宣言》是朴素的印第安生态文学中流传最广、影响最大的杰作。它以形象、生动和充满激情的语言表达了印第安人与自然和谐相处的崇高生态理念。160 多年来，西雅图市的政府和市民像西雅图（图 6–5）所主张的那样，按绿色的生态理念和行动，系好每一根线，打好每一个结，已把美国西北部太平洋沿岸最现代化的城市建成有"常青城"或"绿宝石城"之称的绿色城市（图 6–6）。

图 6–5　西雅图的雕像

图 6–6　西雅图的自然风光

6.3.3 法国《克兰让达尔土壤宣言》[22]

1998 年 5 月 6~10 日，在“负责任的统一世界联盟”土壤动员计划协调者与法兰西帕克斯·克里斯蒂组织的“保护和管理自然”委员会倡导下，在法国阿尔萨斯州克兰让达尔城堡举行了主题为“土壤、文化和精神性”研讨会，来自不同文化和宗教的重要人物，以及公众、管理界和科学界代表在会上充分交换了意见，这一土壤宣言是这次研讨会的讨论成果。其要点如下：

《宣言》首先指出：科学知识可以让人们更好地理解土壤对地球生命和自然平衡以及对个人、社会和不同人类活动的重要作用，也让人们更好地确定土壤这种自然资源所面临的威胁。

1. 土壤对生命不可或缺

一般而言，土壤担负着生命的某些基本功能，具体而言，土壤满足了人类的需要、维护了人类的健康。

2. 土壤生产出食物

土壤包含并生产了所有生命所必需的水和空气等元素，决定了粮食的产出数量。

3. 土壤控制着水

水在土壤中流过，可被土壤过滤、转化和净化。土壤可调节地下含水层的物质构成和水流方式。但是今天人们发现水文系统已出现紊乱，这可能会加剧全球水质量的不均衡分布，而这有可能成为未来纷争的引发点。

4. 土壤保障食物链的运行与稳定

今天，土壤越来越多地被当成工农业生产和城市生活用水的净化系统。农产品和饮用水质量依赖于土壤对固体和液体物质的净化能力。今天，许多密集耕种地区的土壤净化能力已达到其极限。相比土壤恶化，公众舆论对于水质恶化的问题更为敏感，而水质恶化多由土壤净化能力减弱造成。土壤中大量积累的化学产品已成为威胁我们生命的定时炸弹。

5. 土壤是人类活动的物质载体

土壤支持着人类的基础设施、居民住宅、工业活动、交通、废物排放、体育活动以及休闲娱乐等活动。土壤还是建筑和工业手工业活动的原材料。因此，土壤常常成为人类活动争夺的对象。

6. 土壤包含了多样化的生命形式

土壤是一个巨大的生命基因库，而且包含了部分陆地生物品种，其中许多并不为人知晓。许多生命循环几乎全在土壤中进行。如果失去土壤，我们将不可确切知道人类会丢失什么样的陆地基因潜能。

7. 土壤影响全球气候

土壤中有机物质包含的二氧化碳（温室效应气体）比空气和植物体中的含量高。而土壤恶化的最先表现就是有机物质的减少和生物活动的减弱。

8. 土壤是人类历史的见证

不同人类文明对土壤的影响不同。人并不只在破坏土壤，他们还培育土壤，甚至有时也会影响土壤的演变。另一方面，土壤中保存了珍贵的考古文物，这是人类社会演变的历史见证。因此，土壤是人类历史的储存器。今天，我们是否已经知道过去的一切，尤其是那些保存在土壤中的历史？

9. 土壤是一种稀有的、可缓慢再生的资源

土壤是各种形式的气候和生命在岩石上长期（甚至超过了人类历史的长度十几或数百万年）综合作用的结果。但土壤恶化则是人类活动的结果。

10. 土壤正在衰落

在全世界范围内，人类活动已经严重地破坏了土壤，这样的例子已多得不可胜数。土壤侵蚀、地表下陷、灌溉土壤盐化、有机物质贫乏现象已屡见不鲜。城市、棚户区、工商业联合企业、旅游区，公路网密集化，修建飞机场和水坝，地表矿物质资源开采等人类活动使土地正以每年数万公顷的速率消失，土壤中原有的生物、食物、表层交换与过滤功能等已经不可再恢复。

《宣言》接着介绍，讨论会涉及的各文化、宗教都十分重视土壤，并提倡尊重这种资源。但是现实生活中并不能做到。

在一神教中，土壤是大自然的一部分，人类被赋予了管理土壤的职责。上帝用泥土造人，并吹气赐予了人生命。犹太教、基督教和伊斯兰教深信土壤和其他陆地资源一样都可为人所用，人有利用土壤的自由权利。人作为土地的管理者和持有者必须重视土地的使用方式，不能独占和破坏土壤，因为土壤是供全人类和子孙后代使用的自然资源。人应该使土壤肥沃多产并保护土壤不受破坏。

人类来自于土壤，对土地女神、土地母亲的崇拜以及关于她们的神话传说在许多宗教和文化中都存在。土地、土壤常常与慷慨、多产、女性、谦虚联系在一起。如果说土地需要人来使它繁荣，那么人就应该学会从土地那里学到和谐与创造的稳定性，并且作为自己生存的典范。

宗教教义在产生它们的传统中常常不能得到很好的阐释。这样，在一神教中，人往往因受其自我利益的驱使而滥用了他们被神赋予的权利，最终导致了严重的生态危机。萨满信仰赋予土壤一种十分重要的宗教地位，禁止人们挖土、耕地、除草，

但也有可能导致土壤恶化。佛教僧侣不能拥有和耕种土地，也不得关心土壤改善和除草等行为，这种做法虽然尊重土地，但也不利于土壤的发展。印度教把与土壤相关的活动（主要是农业生产）交给第三种姓。第一种姓的婆罗门和第二种姓的武士对土地的神圣态度也不会对农业耕作者改善土壤的努力产生任何积极有效的影响。

如我们在许多土著文明中看到的那样，宗教可以激发人们积极地对待土壤和环境，尤其是在宗教和文化促进人类前进的时候，这种激发作用就越发明显。日本传统农业中的萨多亚马 (satoyama) 技术（收集树林里的树叶和枯枝用以给稻田施肥）就出自神道教思想。在儒教和巴拉教中，土壤是社会财富的基本来源，农民受到社会的推崇。非洲黑人把耕地当成一项神圣的活动。许多土著民族都对土地母亲怀有深切敬意，相信土地母亲托起了人，给予人食物；反过来，人不能妄想统治土地，而是要和土地母亲相依为命。

我们需要进一步思考这些对待土壤的不同态度中的某些例子，以求发现理解土壤资源的新途径。

历史上，一万年前的新石器时代，人类放弃了渔猎活动，开始从事农业和畜牧业，从而就把自己的命运与土地联系起来。从这个时期开始，除受神话的影响外，人们逐渐在实践活动中形成了关于土地的丰富知识。但是也有迹象表明人类最初的几大文明消失的原因在于他们不懂得或不能应付农业生产活动导致的土壤恶化问题。基督诞生之初，地中海沿岸文明已经积累起许多关于土壤的经验知识，并且正在努力对抗当时出现的土壤恶化问题。而在我们的时代，在世界上所有的高山地区，人们都在与土壤侵蚀作斗争。

农牧业社会的生活和耕作方式充分配合了土壤肥力再生的节奏。

和平时期的贸易往来促进了不同地区的人们相互交流他们掌握的知识（其中包括关于土地的知识）。战争（特别是宗教和殖民战争）会传播甚至给部分人群强加不适合他们当地条件的土地耕作方式。今天，粮食需求压力和市场利益驱使人们把某些农业发展模式出口到国外。但是这些模式并不适合不同地区的不同土壤条件，它们的推广削弱了土地和土壤的质量，使之变得人工化，也破坏了当地的农业生产体系。

《宣言》继而强调，公众和那些直接管理使用土地的人普遍缺乏对土壤重要性和价值的认识。

对大众而言，土壤只不过是每天踩在脚下的物质。土地使用者常把土壤简化为他们日常活动的载体物质，他们只关心土壤的一个特殊功用而忽视它的其他功用。土壤的最大使用者即农业耕作者只知道土壤是他们犁耕的那一层。管理者只管理土地的表面，只关心对土地的测定和估价。学校和传媒不关心或很少关心土壤。颇具讽刺意味的是，人们对水和空气的污染十分敏感，却对从根本上影响水和空气质量的土壤污染无动于衷。

人们在发达国家和发展中国家发展出一种从属于“现代主义”的新耕作方式。现代社会的生产本位主义和科学技术为这种新耕作方式创造了一种脱离土壤和土地的幻象，致使土地变成了“肮脏”的同义词。人们在城市、公路、停车场甚至在郊野空地上铺制沥青，以使生活更加“干净”；大人们禁止孩子用泥土“弄脏”手，禁止他们与土壤直接接触。城市不断扩大，城市居民一代代繁衍下去，他们逐渐远离了那个拥有农村亲戚的时代。土壤和人之间的直接联系变得越来越脆弱。

《宣言》最后呼吁：

（1）教育、信息和通信体系应该意识到，并使公众意识到土壤及其多样化功用，以及土壤对所有地球生命的重要性。

（2）重视文化和民间传统关于土地、土壤的知识，因为它们能够激发我们尊重这种资源，避免我们再用重商主义的态度来看待它。

（3）人类和人类社会应当重新衡量科学技术必然带来自由和进步的片面观点，重新发现尊重土壤多样性的生产方式，以期保证土壤组成成分及其肥力的自然再生节奏，保护食物链和水质的健康清洁。

（4）各层次上的决策者，包括个人、企业、国家、国际组织等在分配和选择占用土地时应作出明智而负责任的选择。保护和维护土壤及其功用，限制对最好土地的争夺。

（5）个人和社会应选择反对掠夺自然资源并尽量减少污染土壤和环境的废物的消费方式。因此，非政府组织和国际团结协会将承担起这方面的重要责任。

（6）个人和社会应当更加团结，使人民意识到自力更生是人类不可剥夺的权利，努力把纷争转变为合作和对话，以期更好地抵制土壤及其功能的恶化。

（7）科学界应该更多地致力于研究人类社会如何在维护文化与思想多样性的同时发现一种土壤可持续使用的方式。国家和机构应该动员更多的资源来完成这些研究并充分发挥其应用价值。

（8）应该创造条件来促进各种民间土壤知识间的对话及民间知识和科学知识间的对话；恢复使用那些有利于人类子孙后代协调发展的民间知识。

参考文献

[1] 刘振铎 . 现代汉语辞海 . 长春 : 北方妇女儿童出版社 , 2003: 984

[2] 崔京生 . 海洋志 . 北京 : 中国青年出版社 , 2012: 72

[3] 赛珍珠 . 大地三部曲 . 王逢振等译 . 北京 : 人民文学出版社 , 2010: 1–210

[4] 夏征农 , 草婴 , 等 . 大辞海・外国文学卷 . 上海 : 上海辞书出版社 , 2008: 149–150, 497

[5] 肖洛霍夫 . 静静的顿河 . 金人译 . 北京 : 人民文学出版社 , 1988

[6] 莫言 . 蛙 . 上海 : 上海文艺出版社 , 2009

[7] 莫言 . 丰乳肥臀 . 北京 : 作家出版社 , 2012

[8] 莫言 . 莫言诺贝尔文学奖演讲 :《讲故事的人》. 扬子晚报 , 2012–12–9 (A4–A5 版)

[9] 中国作协发表贺词 : 莫言获奖表明中国文学具世界意义 . 扬子晚报 , 2012–10–13(A23 版)

[10] 中国科学院南京土壤研究所 . 马溶之与中国土壤科学 . 南京 : 江苏科学技术出版社 , 2007: 400

[11] 中国科学院南京土壤研究所 . 李庆逵与我国土壤科学的发展 . 南京 : 江苏科学技术出版社 , 1992

[12] 中国科学院南京土壤研究所 . 熊毅文集 . 北京 : 科学出版社 , 2003

[13] 余光泽 , 余杰 , 刘秉巨 . 探索土壤奥秘的人——侯光炯 . 北京 : 科学出版社 , 1992

[14] 中国农业大学资源与环境学院 . 李连捷院士与中国土壤科学 . 北京 : 中国农业大学出版社 , 2008

[15] 田均良 . 土壤学与水土保持——朱显谟院士论文选集 . 西安 : 陕西人民出版社 , 2004

[16] Arnold D. The Future of soil science//18th World Congress of Soil Science. Philadelphia, PA. USA, 2006

[17] 弗・卡特 , 汤姆・戴尔 . 表土与人类文明 . 北京 : 中国环境科学出版社 , 1987: 1–218

[18] 中国科学院南京土壤研究所老科协会刊 . 五色土 , 2007, (1): 21. http://www.issas.ac.cn

[19] 中国科学院南京土壤研究所老科协会刊 . 五色土 , 2013, (2): 94–95. http://www.issas.ac.cn

[20] 游修龄 , 曾雄生 . 中国稻作文化 . 上海 : 上海人民出版社 , 2010: 378–379

[21] 龚子同 . 绿色的西雅图 : 城市・理念和行动 . 科学新闻 , 2006, 18: 37–38

[22] 拉巴・拉马尔 , 让 – 皮埃尔・里博 . 多元文化视野中的土壤与社会 . 张璐译 . 北京 : 商务印书馆 , 2005

第7章 中国的土壤文化

中国的土壤文化是土壤农耕生产孕育出来的精神财富。它是中华文化或中华文明的一个支流。5000多年来，很多知识、生产和生活方式、风俗习惯、道德、信仰、文学、艺术、科学等各种观念始终一脉相承，构成了中华民族独特的精神标志。

中国的土壤文化与西方的不同，其根源在于中西方赖以生存的物质基础不同[1]。中国人是农耕民族，依赖土地生活，特别是水稻田，要灌溉，田块不能轻易移动，要年复一年地种下去。因此，中国人习惯安土重迁，世世代代生于斯，繁衍于斯，对土壤有着割舍不断的情怀，已经渗透到中国人的基因，融入到血液里。其所形成的世界观、人生观和价值观是综合的、平和的，与自然环境的关系是和睦相处的。

7.1 土壤文化源远流长

7.1.1 历史悠久

我国是一个历史悠久的农业大国。早在七八千年前，原始农业已在中国的黄河流域和长江流域形成。那个时期黄河流域气候温和、四季分明，加之渭河、泾河、洛河和汾河下游地势平坦，疏松易耕的黄土形成的新成土肥沃，自然条件适宜经营农业。考古发掘的遗存证明，河南新郑裴李岗、河北武安磁山、甘肃秦安大地湾等新石器时代的遗址中，都发现了7000~8000年前的农业生产工具，如石铲、石斧、石刀、石锛、石镰、石磨盘、石磨棒等。同时还有猪、羊、狗、鸡等家畜遗骸。在磁山遗址中还发现了80座窑穴，其中有大量粮食（粟）堆积，大地湾遗址还发现糜子、油菜子。到距今6000~5000年前，黄河流域的原始农业有了进一步发展。西安半坡村遗址中，出土的粮食有粟、黍、糜、大麻子等；出土农具比以前更进步，如面耜、木耒等耕作农具。从出土的种子来看，黄河流域的原始农业一开始就具有旱作农业特征，其开发和发达程度都快于和高于其他地区，并以此为中心，从北至南，从平原至山区，从中原腹地到周边地区扩展[2]。长江流域虽然自然条件较优越，水热条件配合较好，湖泊、沼泽广布，土壤多为潜育土和有机土，非常有利农业的产生和发展，六七千年前长江下游已出现稻谷栽培[1]，但在隋唐以前，该地区地广人稀，原始森林密布，沼泽众多，人们通过采集、渔猎，在居住点附近种一些水稻即可生活丰足，向农耕过渡的依赖性不强。后来，由于人口增加，才形成和发展成稻作农业区。但从考古发掘的农业遗址看[1,3]，可以证明黄河和长江流域的农业是同步起源、并行发展、互相渗透的。

7.1.2 多元文化融合

由于历史、地理、气候、民族、人口、政治和经济等原因，进入历史时期，特别是两汉以后，随着人口的迁移，以南北方交融为背景，展开了多元全方位的技术和文化扩展，形成你中有我，我中有你的文化基底。

青藏高原地势高亢，有独特的高原气候，存在许多山地冰川与大面积发育较原始的土壤，生态环境很脆弱，地广人稀，是以藏族（古籍中吐蕃族）为主的少数民族聚居区。《后汉书 · 西羌传》记载羌族各部“所居无常，依随水草，地少五谷，以产牧为主”[4]；在藏文《吐蕃王朝世系明鉴》中记载，公元二三世纪时，使用“二牛抬杠”，垦平原作田，自湖中引渠灌溉，种植庄稼。到公元 600 多年，吐蕃王朝同唐朝来往甚密，公元641年和710年，文成公主与金城公主先后进藏，携带大量种子、农具、纺织品、文具、工艺品和药物等，并有不少农业和手工业匠役随行[5]。相对封闭的青藏高原从此不断地受到中原农业技术的影响，促进了人们大规模向青藏高原高海拔地区定居，形成了高寒沟谷农业和高寒农牧业地区。

包括内蒙古、山西、陕西、宁夏、甘肃和新疆的西北干旱地区，气候极端干旱，地表水贫乏，植被稀疏，干草原和荒漠景观特色鲜明。大部分土壤为干旱土、盐成土和砂质新成土，对人类生活和生产限制大。除汉族外，聚居着蒙古族、回族、维吾尔族、哈萨克族、乌孜别克族、柯尔克孜族、塔吉克族、俄罗斯族等 10 多个民族，也是主要信仰伊斯兰教的民族地区。中国农书记载，2000 年前汉武帝为“移民边疆，屯地务劳”；隋唐统一时期，屯垦又有较大发展；元代政府在漠北、漠南有计划开辟屯田，使莽莽草原上，某些地区出现了“入夏种粟、黍”，“俗亦饲牛力穑，粟、麦不外求而力赡”的情况[6]。从而形成了依靠灌溉的绿洲农业和荒漠放牧畜牧业地区。

特殊的地理环境、民族和历史背景，决定了长江流域、青藏高原和西北干旱区既各有地域性土壤、农业和文化特色，又有与黄河流域农业的内在联系和趋附，多元融合成中华土壤文化或文明。

7.1.3 从农业文化到土壤文化

土壤文化的载体是汉字　汉字承载着土壤文化，土壤文化借汉字充分表达。每种作物都有它相应的汉字称呼，有两三个称谓的也很常见，如粟又称小米、谷子、稷等。其中稻的称谓特别多，以禾为偏旁的如稉、穤、稆、秧、秕等98个，米为偏旁的有粘、籼、粳、糯、粃、糍、糟、糠、糕、糊、粽、粹、精等62个[7]。和作物一样，在远古时代的甲骨文中就有关于土壤的记载，古代文献中对九州土壤的表述内容深刻，近代各种土壤的命名都承载了土壤科学的内涵，农民群众中的土壤学词汇更是丰富多彩。

土壤文化与中华龙　中国人一向以龙为神物，认为炎黄子孙都是龙的传人。龙的浮雕、用龙命名的地名在中国无处不在，影响中国人生活的各个方面。研究发现，水是一切农作物尤其是水稻的命根子。龙的起源和水稻种植有密切关系，在古代人们的想象中，龙是司理雨水和生殖的神虫。“龙，鳞虫之长，春分而登天，秋分而潜渊”[1]。龙的原型动物主要是鼍（即鳄鱼，繁殖于长江的扬子鳄），我国南方民间俗称“土龙”。农耕时代的先民，为了调节水、肥和农作物栽种密度，把田间带状分布田地分界的埂子、农作物的行或行与行间的空地，形象地想象为龙在大地延伸，称为垄。

土壤文化与民俗民风　中国的民族节日，总是充满了浓浓的乡土之情。每逢春节、元宵、端午、中秋佳节，对龙灯、龙舟总是喜爱有加，对于年糕、汤团、粽子也绝不会忘记。尽管时代在进步，可是龙舟、龙灯活动并没有被赛艇、跑马所取代；餐桌上的年糕、汤团、粽子也未被巧克力、面包所替代。诗云：“举头望明月，低头思故乡”，每逢佳节总会更加怀念家乡和故土。

7.2 古代土壤文化

7.2.1 从原始文字到甲骨文中“土”字

“土”字的起源　我国的汉字是世界上目前正在使用的各种文字中最古老的一种。在原始文字产生之前的原始社会前期，人们已经在以图画、符号等记事表意了。如古汉字最初以“□”、“○”来表示“方”、“圆”这两个词。经过多方面的改进，才最后形成完整的文字体系。我国现存最古老的汉字叫甲骨文。在长期的历史岁月里，汉字经历了多次变化，才形成了多种字体[8]。

在原始农业社会时期，人们生活的基本需求，一是获取个体生存的食物来源；二是繁殖后代，维系种族绵延，所以生殖崇拜非常突出。原始文字创造之初，不能回避的是动物和人的性别。甲骨文在创造土壤观念的文字时便没有遮掩地用“土”代表雄性生殖器，用“匕”代表雌性生殖器，都是形象的手法，这在当时是不足为奇的[9]。

从殷墟出土的甲骨文中，就有“土”字——“◊”。王国维在《殷礼征文》考释指出：“案◊即土，即今隶土字”（图 7–1）。甲骨文和金文中的“土”字还有很多字形，据梁家勉在《中国土壤科学的孕育及其形成》一文中统计，甲骨文中“土”字的写法有 27 形，从土的字有 12 个。如“”、“”等，表示用手或兼用某些农具治土的会意。

图 7–1　甲骨文中的土字字形很多，都代表雄性生殖器官

汉代郑玄对先秦古书《周礼》注释指出：“万物自生焉则曰土”，有土斯有粮。汉代许慎在《说文解字》中对“土”字作进一步的解释，“土者，是地之吐生物者也”。“二”像地之上，地之中；“丨”物出之形也，即构成土字中的“二”，其上指表土，其下指底土，“丨”是植物的地上部和地下部分（图 7–2），这是世界上对土壤所作最早的科学解释。

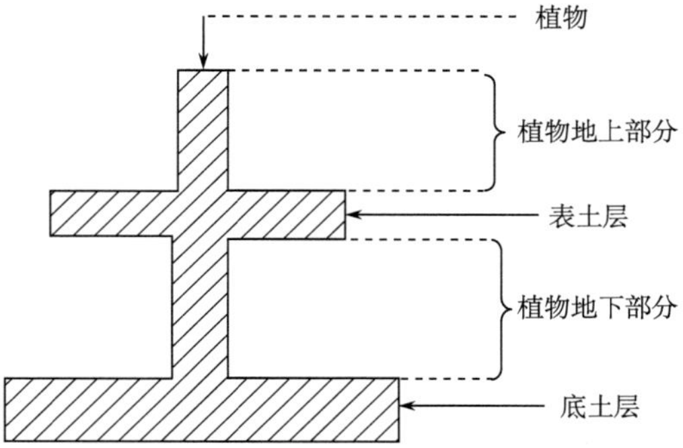

图 7–2　“土”字的含义[10]

“壤”字的意义　《周礼》还指出：“以人所耕而树艺焉曰壤”。《说文解字》说：“壤，柔土也，无块曰壤”。《尚书·禹贡》马融注：“壤，天性和美也”。《周礼》地官大司徒郑玄注：“壤，和缓之貌”。这 3 种解释都说明“壤”的形态特征。“壤”的生产性能比“土”要好，肥力高，适于各种作物生长。郑玄指出：“壤亦土也，变言耳”，意思是说“壤”本来也是土，经人为耕种之后，性能改善，成一种肥力提高的“土”。[10,13,14]

“土壤”一词的内容　古代“土壤”这个名词起初并不具有科学术语性质，因为世界上土壤成为一门独立的科学，不过 130 多年。而我国历史上记载土壤的经验知识已有 5000 多年，我国古人在当时就用“土壤”一词概括自然土壤和耕作土壤的内容，说明中国古代劳动人民对世界土壤科学有贡献。

7.2.2 最早的土壤图

春秋时期，奴隶制已衰落，许多诸侯国开始出现封建的生产关系，行重农政策。《尚书·禹贡》是最早记载我国土壤分类及其地理分布的。据考证[11]，它所记述的九州土壤分布是符合实际的。禹贡九州土壤图（图 7–3）不仅是秦汉以前土壤地理知识的总结，而且也是世界上最早的土壤图。

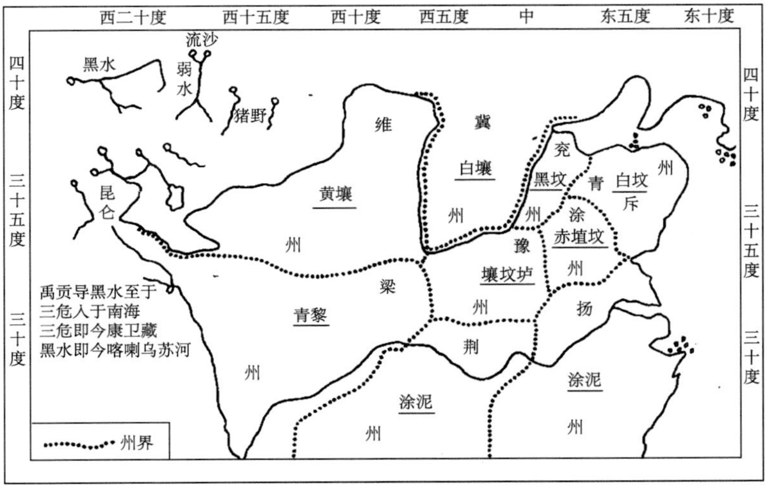

图 7–3　禹贡九州土壤图[10]

7.2.3 土地神和社稷坛

对土地之神的信仰是同农业生产联系在一起的。因为土地是人们生产和生活直接依赖的对象，人们很早就认识到是土地给了他们生产和生活的一切。因此，对土地怀有感恩之心。同时，由于人们相信万物有灵，以及对土地生产农作物的不理解，又把土地作为一种神秘的自然物加以崇拜，形成了对土地的信仰。在原始社会，某一氏族所崇拜的土地神，就是这一地区土地的化身；奴隶社会产生后，全国性的土地神应运而生。土地神有许多名称，《史记》中称“地祇”，后世改称“后土”、“社神”。祭社十分隆重，周代除天子诸侯主持大祭外，民间每 25 家也立一社神进行祭祀。清代对土地神的信仰更为广泛，朝廷建社稷坛，各州、县、乡、村都有自己的土地庙。土地神成为妇孺皆知的地方神灵后，其形象就完全人格化了。人们习惯称之为土地爷或土地公公，其形象一般是白须白发、乌帽皂靴、黄袍革带，活脱脱一个年老端重的官吏。这就是遍布农村的土地庙的由来。[8]

北京中山公园的社稷坛是明、清皇帝祭祀土地神和五谷神的地方。该坛最上层 15.8m^2，铺垫着来自全国五种不同颜色的土壤，被称为“五色土”。它不仅体现我国土壤分布的概貌，东方主要是水耕人为土，呈青色；南方多富铁土和铁铝土，呈红色；西方以干旱土和盐成土占优势，呈白色；北方多均腐土，呈黑色；中原大地黄土高原的雏形土，呈黄色。而且代表农业社会政权和国家的根基。五种颜色的土壤寓含了全中国的疆土，由各地纳贡交来，以表明“普天之下，莫非王土”[10]（图 7–3）。据报道[12]，此前全国留存古代用于祭祀仪式的“五色土”就是北京中山公园的社稷坛，而 1999 年在南京六朝祭坛遗址考古发掘中发现的一些“五色土”，将社稷坛“五色土”的遗存向前推了 1000 年左右。

图 7–3　北京中山公园社稷坛

7.2.4 土壤学的萌芽

远古时代　世界上土壤成为一门独立的科学，不过130多年。而我国历史上记载土壤知识和经验，时间很早。“三皇”（伏羲、燧人、神农）以前，已有不少认识，但无史可稽。“五帝”时代，黄帝划疆分野，规划土地；炎帝教人耕耘，制作陶笛，给人治病；尧“教授民时”，舜以“食为政”，“耕田为食”，土壤知识就被重视，唯文献记载很少。到夏禹平治水土，进行土壤分类，看土栽培，土壤方面就有了可靠的记载。自此以后土壤方面的知识发展就更多更快了。据对甲骨卜辞的研究，殷商的甲骨文中有“田”字，法田法中有“甽”（川）字，原始农具中有“耜”字。而且先民已懂得通过施用粪肥来维持土壤肥力，并发明了储存人畜粪和堆制厩肥的方法[10]。

夏代至汉代　公元前4世纪，夏代的《尚书・禹贡》一书，追记了四千多年前的土壤分类。根据土壤颜色、质地和水文状况等，将当时国土范围九州的土壤分为白壤、黑坟、赤埴坟、涂泥、青黎、黄壤、白坟、壤坟垆等，并根据肥力高低，把土壤分为三等九级，而且把土壤特性、土壤分类与地形、植物和土壤利用联系起来[13]。据近代土壤学者考证，认为它所记述的九州土壤分布是符合实际的。它不仅是秦汉以前土壤地理分布知识的总结，也是世界上最早的土壤地理著作[11]。

公元前3世纪的《周礼》一书，记载了周代当时的农业生产情况，特别是土壤规划和土壤分类方面尤为详细。《周礼・地官司徒》根据地形、地势，在九大土类基础上，进一步划分了五个土地类型区，并将九州土壤着重以土壤颜色和质地进行分类。《周礼・夏官》中记述了九州的谷宜（适宜种植的谷物）、畜宜（适宜饲养的畜禽）和其利（特产）。这可以说是中国农业分区的发端。

公元前3世纪至公元23年的《管子》一书，是战国至前汉的各家论文集。《管子・地员篇》中的土壤分类在以前基础上又有发展。根据土壤颜色、质地、结构、孔隙、结聚、有机质、盐碱性等肥力因素，并结合地形、水文、植被等将九州土壤分为18类，每类又分5级，即所谓“九州之土，为九十物”，而且对土壤与植物的关系作了理论阐述，说“凡彼草土，有十二衰，各有所归”[10]，意即有什么土，就有什么草，有什么草就有什么土，各有自己的位置，可划分出12类。

汉代以后至清代　由于农业生产不断发展，人们对土壤认识不断加深，历代农书和文献提到土壤的种类和土壤改良的很多[10,14]。西汉的《氾胜之书》记述的土壤种类有缓土（即疏松的土壤）、黑垆土（坚硬强土）、强土（黏质土）、轻土弱土（砂土）、美田（肥力高的土壤）、薄田（肥力低的土壤）。还总结出比较完整的耕作原理和测定宜耕期的方法和区田法。成书于公元6世纪北魏时期贾思勰的《齐民要术》记述了8种土壤类型，并根据地形、土壤水分、温度、肥力情况，分为高田、山田、下田、泽田和温、寒、燥、湿、肥等多种土地类型。提出“耕者且深，湿耕泽锄，不如归去”，“凡美田之法，绿豆为上，小豆、胡麻次之”。并列举了当时应用的20多种轮作方法，是世界上最早最完整的一部农业科学论著。

到了公元10~19世纪的宋、元、明、清时期，一些农书如《农桑辑要》、《王桢农书》、《农政全书》、《授时通考》、《陈旉农书》、《知本提纲》等，都记载了一些耕种和培肥土壤的技术方法。尤其值得称道的是14世纪初期元代的《王祯农书》，记载的土壤种类按地形、土壤水分划分为高田、山田、陆田、下田、湿地、泽田。按土壤肥力划分为肥土、硗土、沙薄地。按土壤颜色和质地划分为黑壤、黑坟、赤土、黑软青沙地、黄白软土、黄土、白土和沙地。对田的分类尤为详细，将田分为区田、圃田、围田、柜田、架田、梯田、涂田、淤田、沙田9种。书中还列有专门叫“粪壤篇”的内容，提到“土壤虽异，治得其宜，皆可种植”，“治之得宜”，“地力常新壮”等土壤肥力不断提高的论点。公元18世纪清代的《三农记》，书中记述的土壤也很多，分别按土壤颜色、土壤质地、肥力高低、地形和水分分为不同类型，还首次提到了碱土。

7.3 文学、科技界的土壤文化作品

7.3.1 散文和诗

1. 巴金的《愿化泥土》[15,16]

作者生平　巴金（1904~2005年），现代著名作家。原名李尧棠、字芾甘，四川成都人。1920年考入成都外国语专门学校。1922年开始试写新诗与小说。1923~1925年先后在上海南洋中学和南京东南大学学习。1927年赴法国留学，次年写成第一部长篇小说《灭亡》。1928年底回国后潜心创作，走上文学道路。新中国成立后，历任全国文联副主席、中国作协副主席、主席等职，写了《家》、《春》、《秋》、《爱情三部曲》、《寒庭》、《憩园》等20部中长篇小说，大量短篇小说、散文、童话等，还翻译不少外国文学作品和著作，直到80岁还写作出版《随想录》等。

内容简介　《愿化泥土》最初发表于1983年7月3日香港《大公报·大公园》。该文怀念童年时期在故乡成都公馆的马房和门房里，与平凡而善良的轿夫老周、老任共度夏日夜晚和秋日黄昏的往事。认为他的正义、公道、平等的观念是在这里培养起来的，从他们那里学到热爱生活、懂得人生的意义。表达了他对人与人之间的“小

爱”和对祖国、对土地、对人类的“大爱”。在文章结尾深情地写下“我家乡的泥土，我祖国的土地，我永远同你们在一起接受阳光雨露，与花树、禾苗一同生长。我唯一的心愿是：化做泥土，留在人们温暖的脚印里”的诗句。

2. 林语堂的“和土壤相亲”[16]

作者生平　林语堂（1895~1976年），现代著名作家。原名林乐和，福建平和县人。1916年毕业于上海圣约翰大学，1919年起先后在美国哈佛大学、德国莱比锡大学留学。1923年回国后在清华大学、北京大学、厦门大学任教，曾任联合国教科文组织美术与文学主任、国际笔会副会长等职。于1940年和1950年先后两度获诺贝尔文学奖提名。曾创办《论语》、《人世间》、《宇宙风》等刊物。1935年用英语作《吾国与吾民》，在美国畅销。1936年到美国定居，以著作为生，主要用英语写作，创作小说《京华烟云》、《啼笑皆非》；散文和杂文文集《人生盛宴》、《生活的艺术》及译著《东坡诗文选》、《浮生六记》等60部，1966年定居台湾。1976年在香港逝世，享年80岁。

内容简介　《人生不过如此》一书是一种个人生活所得的经验和思想的供状。在不违背天地之道的情况下，成为一个自由而快乐的人。这就好比一台戏，优秀的演员明知其假，却能比现实生活更真实、更自然的表现。人生亦是如此，重要的是不要去计较真与假、得与失、名与利，愉快过好每一天。如此理解世界和人生，我们就会通达起来，苦恼与晦暗也会随风而去。

作者写的这本书是实事求是的散文，只想表现个人的观点，不想发表客观意见，也不想创立不朽真理。他本想题这本书的名字为“抒情哲学”，用抒情一词说明所讲的一些个人的观点，但感到这个书名似乎太美、太沉重、不敢用。担心目标定得太高，难于满足读者的期望，所以用现在的书名。“让作者和草木为友，和土壤相亲。作者的灵魂很舒服地在泥土里蠕动，觉得很快乐。当一个人悠闲陶醉于土地上时，他的心灵似乎那么轻松，好像是在天堂一般。事实上，他那六尺之躯，何尝离开土壤一寸一分呢”？

3. 臧克家的《泥土的歌》[16]

作者生平　臧克家（1905~2004年），现代著名诗人。山东诸城市。1923年入山东省立第一师范学校，1926年入武汉中央军事政治学校，1930年考入国立青岛大学（后改山东大学）英文系，得闻一多赏识，转入中文系。1934年毕业于山东大学后在中学任教。抗战爆发后，参加战时文工团等工作，有诗集《从军行》、《泥淖集》、《呜咽的云烟》、《泥土的歌》等出版。1949年后，任新闻出版总署、人民出版社编审，《诗刊》主编，全国文联委员，中国写作学会会长等职。工作之余，继续从事诗歌、散文、小说、文艺随笔等创作，共出版诗集30余本，是新诗创作中产量最多的诗人之一。其诗主要内容是描写农民的疾苦，揭示农民的命运，反映当时灾难深重的农村面貌，被称为“农民诗人”。

内容简介　《泥土的歌》诗集，1943年由桂林今日文艺社出版。全集共52首，都是一些短小的抒情诗。分“土气息”、“人型”、“大自然的风貌”三部分。诗人认为它是“用生命铸造成功的”（《十年诗选·序》）。诗集描写了诗人眼中的农村和农民，以及诗人的态度。既写了农村的恬静平和，又赞美了农民勤劳善良、坚忍朴实的品质，是诗人从内心爆发出来的一种真挚的声音。

4. 艾青的《我爱这土地》[16]

作者生平　艾青（1910~1996年），现代著名诗人，原名蒋海澄，浙江金华人。5岁入本村蒙馆，后就读乔山、育德小学、浙江省立第七中学。1928年考入杭州国立西湖艺术学院绘画系。1929年赴法国勤工俭学。1932年回国，开始诗歌创作，在上海加入左翼美术家联盟，1932年被逮捕入狱。在狱中写了《芦笛》、《透明的夜》等大量诗作，其中《大堰河——我的保姆》是其成名作。1937年抗战爆发后由上海到内地参加抗日救亡运动。1941年春赴延安，主编《诗刊》，出版了《向太阳》、《北方》、《火把》等9部诗集。1949年任《人民文学》杂志副主编。1957年任《诗刊》、《收获》编委，后任中国作家协会副主席等职。1985年法国授予他文学艺术最高勋章。自1979年起先后访问意大利、法国、日本、美国等国，写作并出版《归来的歌》3个集子，是一位创作颇丰且有国际影响的诗人。

内容简介　《大堰河——我的保姆》是《大堰河》诗集收入1932~1933年9篇作品中的一篇。于1936年由上海群众杂志公司出版。诗人以真挚的感情，怀念和赞美了养育自己长大成人的保姆，抒发了自己对保姆深厚的爱，并为她受尽苦难的一生表现出强烈的愤懑和不平。艾青写了《大堰河——我的保姆》后不久，即随湖南省立乡村师范学校避战乱迁来新宁县，在国难当头、山河沦亡的年代，在诗人眼里，新宁崀山那碧水丹山，姿态奇特壮丽的丹霞地形，是劫难中祖国大好河山的缩影，山水的美质启迪了诗人深沉的感情。当年诗人曾对他的学生赞美崀山的山水，并口吟一诗：“为什么我的眼里常含泪水？因为我对这土地爱得深沉”，被名之为《我爱这土地》。1986年新宁县搞崀山风光调查时，一位姓马的老学生说艾青老师吟过这句诗，县政府便派人带了崀山风光录像去北京找诗人求证。在诗人家里放录像时，他看得很兴奋，说一直没有忘记崀山，并欣然提笔将半个世纪前口吟的诗句写了下来。这幅字如今成了崀山镇山墨宝，当地山里的小孩都能朗朗上口，俨然成了当地民谣。

7.3.2 科学诗
——高士其：《我们的土壤妈妈》[16]

作者生平　高士其（1905~1988年），现代科普作家、诗人、科学家。原名高仕其，福建福州人，1925年到美国留学，1926年转入美国芝加哥大学化学系和细菌系，在一次实验中染上脑炎病毒，给他带来终身疾病。1930年回国，以顽强毅力从事写作，向广大少年儿童传播科学知识。1937年底奔赴延安。1949年后主要从事科学普及和少年儿童读物的创作。作品可分三类：科学小品、科学诗、科普创作理论。《我们的土壤妈妈》荣获1949~1953年全国儿童文学创作奖一等奖。

我们的土壤妈妈
是地球工厂的女工。
在大自然的建设计划中，
她担负着
几部门最重要的工作。
她保管着矿物、植物和动物，
还有肉眼看不见的微生物；
她改造物质，发展生命，
经营着无机和有机
两大世界的巨大工程。
她住在地球表面的第一层，
由几寸到几尺的深度，
都是她的工作区。
她的下面有水道，
水道的下面是牢不可破的地壳
她是矿物商店的店员。
在她杂色的柜台上，
陈列着各种的小石子和细沙，
都是由暴风雨带来的，
从高山的崖石上冲洗下来的。
他是植物的助产士。
在她温暖的怀抱里，

开放着所有的嫩芽和绿叶，
摇摆着各色的花朵和果实，
根和她紧密地拥抱。
她是动物的保姆。
在她平坦的摇床上，
蹦跳着青蛙和老鼠，
游行着蚂蚁和蚯蚓，
蜷伏着蛹和寄生虫。
她是微生物的培养者。
在她黑暗的保温箱里，
微生物迅速地繁殖着；
它们进行着化解蛋白质的工作，
它们进行着制作植物肥料的工作。
我们的土壤妈妈，
像地球的肺。
她会吸进氧气，
她会呼出二氧化碳；
有时还会呼出阿摩尼亚。
她又像地球的胃，
她会消化有机物。
地球上所有的腐物，
几千年人和兽的尸体，
都由她慢慢地侵蚀。
她又像地球的肝，
毒质碰着她就会被分解，
臭味碰着她就会被吮吸，
病菌碰着她就会被淘汰，
使传染病停止了蔓延。
我们的土壤妈妈，
同水有深厚的感情！
她有多孔性和渗透性。
她像海绵一样，

能够尽量吸收水。
我们的土壤妈妈，
同太阳有亲密的友谊！
她能够接受太阳的热；
当黄昏来到的时候，
又把它发散出来。
气候也会影响她的健康。
冰雪的冬天，
把她冻坏了；
快乐的春天，
把她解放了。
在城市，有数不尽的垃圾堆，
都要经过她的改造，
才能变成美好的肥料。
我们的土壤妈妈，
它完成了清洁队员未了的工作。
我们的土壤妈妈，
从不辜负农民的希望。
改造自然的伟大计划，
把沙漠变成了绿洲，
从荒芜走向繁荣，
我们的土壤妈妈，
更进一步展开她的工作。

7.4 土壤文化的传承

中国人是农耕为主的民族，对土地的依赖性很强。中国先民选择了“滨水而靠山”、“择土而居”、“聚族而居”的生存原则，经几千年的发展和演变，许多民俗民风、伦理道德，对中国人的修养和精神文明一直起着潜移默化的影响。特别是融入炎黄子孙血脉中的家国情怀和乡愁等优秀传统土壤文化，正受到越来越多的人认同和接受。彰显了土壤文化在传承道德、弘扬中华文化的价值。

8.1.3 成土母质多样

我国在燕山运动以后，大陆的基本地理形势已奠定，但到了更新世时，中国西北、北部和中部山地有冰川活动。因此，山区的成土母质主要是花岗岩、流纹岩、安山岩和玄武岩基岩残积物和坡积物，而在东北、华北、长江中下游和华南三角洲则为冲积物；在昆仑山、秦岭到山东一线以北，大部分地面为沙漠戈壁的风积物和黄土堆积覆盖，而在长江以南第四纪红色黏土分布广泛。冰碛物主要出现在青藏高原和西部高山[4,6]。

由于成土母质在地球化学过程中所处的发育阶段不一样。龚子同将整个断面受大气湿润影响，通常处于氧化状态的称为氧化系列风化壳，而把受积水影响很大，还原作用强烈，断面中常有大量锈纹、锈斑以及铁、锰结核的称为还原系列风化壳[5]。氧化系列风化壳可分为 5 个类型：

碎屑风化壳　由岩石机械崩解产物组成，分布在青藏高原及其他高山区。

含盐风化壳　以氯和硫为标志元素，有氯化钠、石膏或硝酸盐、硼酸盐积累。分布在青藏高原、新疆内陆湖区及内蒙古西部、甘肃北部漠境区。

碳酸盐风化壳　以钙、镁为标志元素，黏土矿物以水云母为主，石灰含量不一。分布在东北、西北丘陵山区和山前平原、黄土高原、华北平原及青藏高原中南部。

硅铝风化壳　盐基饱和或开始不饱和，以氢、铝、硅、铁为标志元素，2 ∶ 1 型层状硅酸盐为主，蛭石和过渡矿物明显增加。从东北、华北山区和山前地带一直延伸到青藏高原。

富铝风化壳　风化壳厚度较大，易溶盐、碳酸钙和大部分盐基已淋失，硅淋失也强烈，而铁、铝、钛的水化氧化物相对积聚，呈酸性反应。以氢、铝及硅、锰、铁为标志元素，黏土矿物以 1 ∶ 1 型层状硅酸盐为主。广泛分布在华南地区。

8.1.4 季风气候异常显著

我国是世界上季风环流最发达的地区之一[3]。冬季风来自寒冷大陆，风向偏北，寒冷干燥；夏季风来自低纬热带海洋，风向偏南，高温多雨，雨热同季，四季更替分明。我国降水量大致是由东南的 1500mm 以上向西北逐渐递减到 50mm，其季节分配特点因受东南季风、西南季风和地形的影响，夏湿冬干。西北地区深居内陆，夏季风鞭长莫及，西南季风为喜马拉雅山和青藏高原阻挡影响不到西北内陆地区，以致降水稀少，形成干燥气候。青藏高原海拔高、气温低，形成高原高寒气候。

我国也是一个干旱缺水严重的国家。我国的淡水资源总量为 28 124 亿 m^3，占全球水资源的 8%，居世界第 6 位，但人均只有世界平均水平的 1/4，是全球 13 个水资源最贫乏的国家之一[7]。到 20 世纪末，全国 600 多个城市中已有 400 多个城市存在供水不足问题，全国城市缺水总量为 60 亿 m^3。

8.1.5 生物群落种类繁多

我国天然的植被大致可分为森林、草原和荒漠三个地带[8,9]。森林地带位于我国东部和中部，从北到南包括大兴安岭北部寒温带针叶林区，小兴安岭和长白山温带针阔叶混交林区，辽东半岛、胶东半岛、华北平原、晋陕黄土高原暖温带落叶阔叶林区，秦岭—淮河以南亚热带常绿阔叶林区，台湾、粤、桂、滇最南部热带季雨林、雨林区，南海热带海岛常绿矮林灌丛区。此外，青藏高原东南部还有山地寒温带针叶林区。

草原地带位于森林地带以西北，包括松辽平原、呼伦贝尔高原、内蒙古高原、黄土高原中部温带草原区，青藏高原中部和南部高山草甸、高寒草原区。

荒漠地带位于西北部，包括阿拉善高原、马鬃山、柴达木盆地温带半灌木、灌木荒漠区，准噶尔盆地温带半灌木、小乔木荒漠区，东疆盆地和塔里木盆地暖温带灌木、半灌木荒漠区，以及青藏高原西北部高寒荒漠区。

8.2 土壤类型和资源

8.2.1 土壤特点

我国土壤类型众多，有许多其他国家所不具备的特点。如人为土，特别是其中占世界 1/4 的水耕人为土是其他国家不可比拟的；西北内陆的干旱土，不仅有世界各干旱区的土壤类别，而且有我国特有的寒性、盐积、超盐积和盐磐干旱土等类别；有 200 多万 km^2 的季风亚热带土壤，其强淋溶和相对弱风化的特点是又一特色；还有类似于极地而又不同于极地，被称为“世界屋脊”的青藏高原的土壤[10]。

8.2.2 土壤类型

根据中国土壤系统分类，我国共划分出 14 个土纲、39 个亚纲、138 个土类和 588 个亚类[10]。这里仅简要介绍主要土纲和亚纲。

A. 富含有机物质的土壤——有机土；

土壤剖面大部分是由枯枝落叶或草毡状植物积累的有机土壤物质构成（有机碳含量至少大于 12%~18%，视黏粒含量而定），它通常呈酸性。有机土可细分为永冻的、正常的 2 个亚纲。这类土壤分布面积小，主要见于若尔盖、黄河和长江河源及大、小兴安岭。它可用作燃料或苗床覆盖物。有机土是陆地生态系统中碳固定的重要存在形式。

B. 人为作用下形成的土壤——人为土；

可细分为具有水耕表层和水耕氧化还原层的水耕人为土（水稻土）与旱耕人为土 2 个亚纲（图 8–1）。后者还可细分为具有肥熟表层和磷质耕作淀积层的肥熟土（菜园土）和具有灌淤表层或堆垫表层的灌淤土或堆垫土。人为土在我国分布广泛，尤以东部季风区为集中。其分布区为我国重要农业土壤资源，主要粮食和经济作物的生产基地。

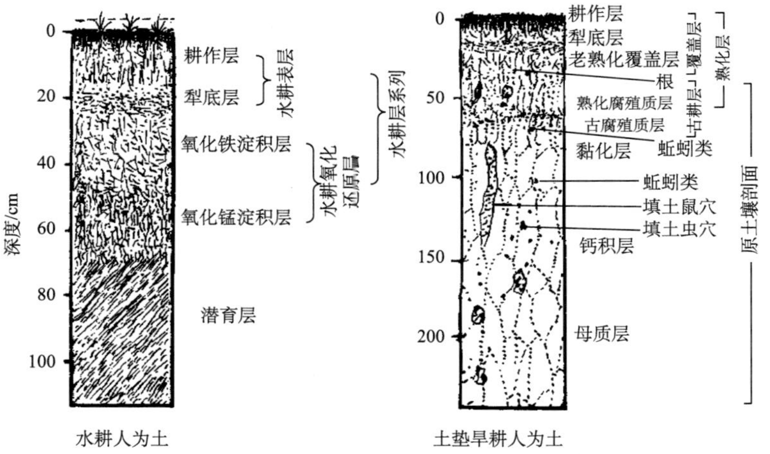

图 8–1　水耕人为土和土垫旱耕人为土的剖面

C. 灰化过程的产物——灰土；

土体上部 60cm 内具有灰化淀积层(活性铝、铁–草酸铵浸提铝百分数 +1/2 铁百分数 ≥ 0.5，同时光密度值 ODOE ≥ 0.25) 的土壤。B 层上面有一层漂白层，质地为壤质或砂土，呈强酸性，自然肥力低。这类土壤可细分为腐殖的、正常的 2 个亚纲。灰土分布范围较小，集中在西南高山区和大兴安岭北部，多为原始针叶林地，但林木生长缓慢。

D. 具有火山灰特征的土壤——火山灰土；

土壤剖面 60cm 内含火山灰特性（容重 <0.9g/cm^3；活性铝、铁–草酸铵浸提铝百

分数 +1/2 铁百分数 >2；磷酸盐吸持量≥ 85%；或者含有大量玻璃质）的暗色表土层，富含腐殖质的无定形硅（水铝英石），有高价阳离子可供交换，土壤肥力较高。火山灰土又分为寒性的、玻璃的、湿润的 3 个亚纲。这类土壤分布面积小，仅见于东北、新疆、青海、云南、海南等新近火山灰沉积区，有些为林地，有些则成为良好的农地或热作基地。

E. 高度富铁铝化的土壤——铁铝土；

土表至 1.5m 范围内有一高度风化作用形成的 30cm 厚的铁铝化层。每千克黏粒的 CEC_7 和 ECEC 分别 <16cmol(+)/kg 和 12cmol(+)/kg，可风化矿物≤ 10%，肥力低，磷、钾和微量元素尤缺。铁铝土主要分布在海南岛北部和雷州半岛，为重要的热作基地。这类土壤只有湿润铁铝土 1 个亚纲。

F. 胀缩性强的黏土——变性土；

在土表 1m 范围内具有变性特征（黏粒含量≥ 30%；含有很多蒙脱石型黏粒矿物，干时出现宽可达 0.5cm、长达 25cm 的垂直裂隙），结构体上有滑擦面，具有小起伏挤压微地形，pH 接近 7，含中等数量有机质。这类土壤可细分为潮湿的、干润的、湿润的 3 个亚纲。变性土分布范围较小，主要分布在淮河流域和广西、云南等地。它是重要的农业土壤，但其质地黏且具胀缩性，适耕期短，必须采取综合措施改良其不良特性。

G. 具有干旱表层的土壤——干旱土；

具有由于干旱土壤水分状况形成的干旱表层。在土表 100cm 内有 1 个或 1 个以上的诊断表下层，如钙积层、石膏层、盐积层、黏化层或雏形层。干旱土（图 8–2）

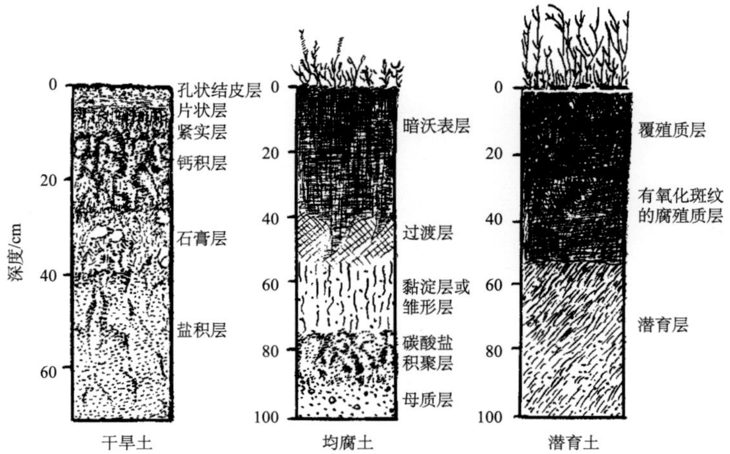

图 8–2 干旱土、均腐土和潜育土的剖面

可细分为寒性的、正常的 2 个亚纲。这类土壤大面积分布在我国西北和青藏高原西北部，大部分被用作牧地，小部分开垦为农田。为保证农、牧业生产发展，需进行水利建设，营造防护林和进行土壤改良。

H. 盐积和碱积的土壤——盐成土；

土表 30cm 内含明显盐积层（盐分在干旱区 >2%，其他地区 >1%）或者土表 75cm 内有碱积层（EPS>30%，pH>9)。盐成土可细分为碱积的、正常的 2 个亚纲。这类土壤在西北干旱区连片分布，在半干润地区多与非盐渍化土壤组合，呈花斑状分布。盐成土多具有深厚土层，地形平坦，是重要的农业生产基地，但应排水洗盐，改土增肥，选择适宜作物。

I. 强还原作用的土壤——潜育土；

土层 50cm 范围内，有 10cm 的土层呈现潜育特征，土壤呈还原状，颜色或者 rH 值 [Eh(mV)/29]+2pH ≤ 19。潜育土（图 8–2）可细分为永冻的、滞水的、正常的 3 个亚纲。这类土壤分布在全国各地的低洼地区，以若尔盖、大兴安岭、小兴安岭、长白山及“三江”（黑龙江、松花江、乌苏里江）平原较为集中。潜育土在排水落干后，是良好的天然牧场，有些地方也可开垦种稻。

J. 腐殖质均匀分布的土壤——均腐土；

具有暗沃表层和均腐殖质特性，土表下 20cm 和土表下 100cm 范围的腐殖质储量比≤ 0.4，并且盐基饱和度不小于 50%。均腐土（图 8–2）可细分为岩性的、干润的、湿润的 3 个亚纲。这类土壤主要分布在大兴安岭中南段山地两侧、松嫩平原；在内蒙古及西北山地垂直带上也有分布。均腐土土壤肥沃，宜牧宜农，但应有计划地开垦，防止沙化，注意培肥。

K. 低活性黏粒富铁的土壤——富铁土；

在土表 125cm 内具有明显富铁铝化作用形成的低活性富铁层。CEC_7 ≤ 24 cmol(+)/kg 黏粒；色调 5YR 或更红，或者 DCB 提取的铁占全铁 40% 以上。富铁土（图 8–3）可分为干润的、常湿的、湿润的 3 个亚纲。这类土壤大面积分布在北纬 29° 以南。富铁土矿物质养分贫乏，但土层深厚，是南方重要森林土壤类型，宜于发展亚热带、热带的经济作物、果树和林木，生产潜力大；开发利用不当时，常引起严重水土流失，务必采取有效防治措施。

L. 高活性黏化的土壤——淋溶土；

在土表 125 cm 具有黏粒含量明显高于上覆土层的黏化层（此层见有黏粒胶膜，并且黏粒积聚超过上层 15%~20%，视黏粒含量而定）。淋溶土（图 8–2）可细分为冷凉的、干润的、常湿的、湿润的 4 个亚纲。这类土壤大面积分布在我国东南季风

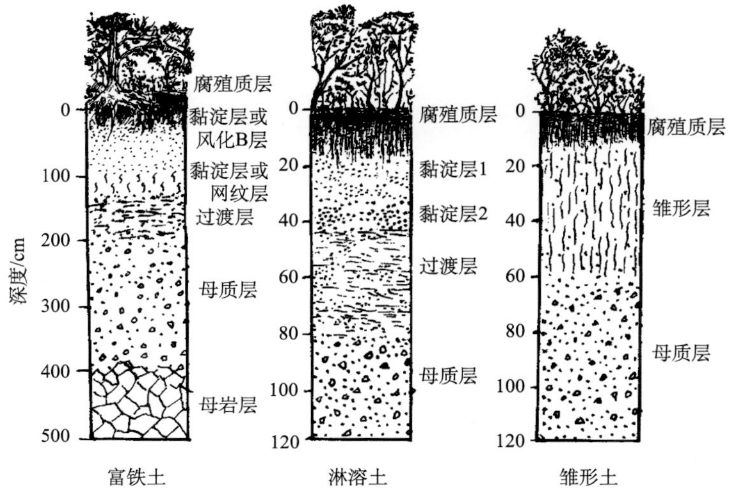

图 8-3　富铁土、淋溶土和雏形土的剖面

区与西北干旱区间的过渡带及长江两岸山地、江淮丘陵和大别山等地。这类土壤土层较厚，含较高的水分和盐基，是比较肥沃的林业土壤，也是农业生产的宝贵用地。但各类土壤的特性和林业类型不同，其利用方向应有所差别。

M. 有风化 B 层的土壤——雏形土；

具有雏形层（一个弱度发育的 B 层；无明显黏化，但有结构发育，其色调比下层的更红或更黄、彩度更高，有碳酸盐下移现象）。雏形土（图 8-3）可细分为寒冻的、潮湿的、干润的、常湿的、湿润的 5 个亚纲，且大面积散布在全国各地，在石灰岩山区、山地陡坡及大江、大河冲积平原上分布尤广。这类土壤一般土层较薄，有机质含量和盐基饱和度变幅较宽，土壤肥力变化很大，有些是很好的粮食基地，有些只能作为林地。在雏形土上发展农业生产，需进行全面规划，切实做好水土保持工作。

N. 新近形成的土壤——新成土

仅具有表层而无任何其他诊断表下层，呈 A–C 型剖面。这类土壤发育在全国各地不同气候条件下的泛滥平原、山地陡坡和沙漠，包括新近冲积物和崩积沉积物上生产力极高的土壤或砂地上瘦瘠的土壤。其生产力主要依它所在地点及特性而定。当水、肥供应能控制时，有些新成土十分肥沃；但大多数因土层浅薄，又受黏粒含量和水分平衡的限制，尚难大面积集约利用。

8.2.3 土壤资源

土壤资源是人类不可或缺的生产资料和劳动对象，对拥有13亿多人口，其中农村人口占3/5的中国来讲，土地问题更为重要。我国土壤资源有如下几个特征[11–13]。

土壤类型多 据对基于中国土壤系统分类的1∶1200万土壤图的估算（表8–1）。西北内陆干旱土和遍布全国的雏形土均占全国土地面积的20%以上；从东北延伸到西南的淋溶土占17.42%；新成土、富铁土和均腐土所占比例为8.5%~10%，人为土、盐成土、潜育土为1%~5%；铝铁土、变性土、有机土、火山灰土和灰土均<1%。这样丰富的土壤资源，是世界上其他国家所无法比拟的。

土壤资源绝对量大 我国土地面积辽阔，全国耕地虽只占国土总面积10.4%，但其总量却有12 177.59万hm^2，折合18.27亿亩。由于山地多、平地少，难于开发利用的沙漠、戈壁、石山、寒漠、冰川与永久积雪等不能供农、林、牧、渔业利用的土壤，占国土总面积的27%，约达2.6亿hm^2。

后备耕地资源量少质差 我国是个古老农业国，土壤开发利用较充分。目前可供开发的大片宜农土壤资源仅0.33亿hm^2，其中约有0.13亿hm^2天然草地宜垦为人工草场，约667万hm^2可发展经济林和果树，余下的0.13亿hm^2可作耕地用。此外，另有零星闲散荒地约667万hm^2，能开发耕地的约333万hm^2，加上可以复垦的133万~200万hm^2土地，总计仅有近667万hm^2后备耕地土壤资源，这些后备耕地土壤主要分布在北纬40°~50°的一年一熟地区，土壤质量较差，降水量少，开发利用难度较大。

土壤资源区域差别明显 我国土壤类型繁多，自然条件千差万别，造成土壤资源区域差别明显。根据土壤、气候、地形等因素的组合状况及区域差异，可将全国

表8–1 按土纲的土壤资源面积估算

代号	土纲	相对面积/%	代号	土纲	相对面积/%
A	有机土	0.22	J	均腐土	8.67
B	人为土	4.84	K	富铁土	8.89
E	铁铝土	0.44	L	淋溶土	17.42
F	变性土	0.30	M	雏形土	21.51
G	干旱土	23.01	N	新成土	9.76
H	盐成土	3.64	C、D	其他土壤	0.04
I	潜育土	1.24			

划分为东南部湿润土壤、西北部干旱土壤和中部干润土壤3个区域。东南部湿润土壤区域，以低山丘陵和平原为主，有大面积的水耕人为土和富铁土、淋溶土，水、热条件配合较好。土壤较肥沃，土地生产力较高，人口密集，经济发达，但人地矛盾和生态环境问题较突出；西北干旱土壤区域，降水稀少，北部山地与盆地相间，干旱土、盐成土和沙漠、戈壁面积大；南部青藏高原大部分海拔在4000m以上，日照丰富，但热量不足，土壤主要是草毡寒冻雏形土、简育寒冻雏形土/钙积寒性干旱土，土地生产力都低；中部干润土壤区域介于上述2个土壤区域之间，大部分是高原、高山峡谷，土壤以干润雏形土为主，土壤多样性和垂直分布明显。在上述3个土壤区域内部，土壤类型及其利用状况的区域差异也不小，可进一步分为17个土壤地区[12]。

8.3 20世纪几部综合性土壤专著

我国近代土壤科学研究工作迟至20世纪30年代才开始。80多年来，有关土壤的研究成绩很大，成果和论著也很多①。这里仅举若干综合性专著作为代表，包括《中国之土壤》（1936年）、《中国之土壤与自然条件概论》（1960年）、《中国土壤》（第一版，1975年；第二版，1987年）、《中国土壤系统分类（理论·方法·实践）》，1999年）。这4部专著的出版周期相隔20~30年，折射出20世纪30年代、60年代、80年代和2000年我国土壤科学研究的变化和进展，从中可以了解前人在不同经济社会阶段中的学术追求和成就，以及土壤分类、土壤资源改良利用、生态环境保护和可持续发展研究的演变和进程。

8.3.1《中国之土壤》[14]

图8–4 梭颇（1896~1984年）

为了吸取国外先进的经验，原中央地质调查所土壤研究室首先聘请美国土壤学家潘德顿（R. L. Pendleton）（1930~1933年），接着续请梭颇（J. A. Thorp）（1933~1936年）（图8–4）作土壤室的主任技师。7年间，在原地质调查所土壤研究室同仁共同努力下，侯光炯、陈伟、周昌芸、李连捷、陈恩凤、朱莲青、李庆逵、熊毅、马溶之、宋达泉、刘海蓬等我国年轻土壤学家全力以赴（图

①中国科学院南京土壤研究所.2003. 中国科学院南京土壤研究所发展历程. 中国科学院南京土壤研究所印。

8–5），除西藏外，足迹遍及全国。通过概查，按美国马伯特分类调查了我国主要土壤类型和分布，筹建了 2000 多个土系。在此基础上，以梭颇的名义发表了《中国之土壤》（*Geography of Soils of China*）一书，附 1 ：750 万中国土壤概图。该书分别以中、英两种文字在南京出版，中文版由李庆逵、李连捷合译。1946 年日本土壤学者伊藤隆吉、保柳睦美、上田信三和原田竹治将其译成日文出版。这是反映中国土壤概况的第一本土壤专著，在国际上有一定影响。这本专著实际上是一个集体成果，可是该书未写合作者的姓名，所编土壤图主要限于东部，西部多为空白[15]。

图 8–5 梭颇与土壤室同仁合影（左起前排：熊毅、梭颇、翁文灏、周昌芸、李连捷；中排：朱莲青、刘海蓬、马溶之、李庆逵、鲁巨川；后排：李振武、沈德乾、鹿笃伊、戚景纯、张续锦）

8.3.2《中国之土壤与自然条件概论》[16]

《中国之土壤与自然条件概论》一书是前苏联科学院通讯院士 B. A. 柯夫达（Ковда Виктор Абрамович）（图 8–6）与我国土壤学家合作，在我国考察、访问期间搜集了大量土壤科学资料，以及后来的一些实验结果写成的。所附土壤图注明中方由马溶之、宋达泉、李庆逵、熊毅等编制。柯夫达是国际著名的土壤学家。1954 年他被聘为中国科学院院长顾问，有机会到我国许多地方考察 (图 8–7)。1956 年他又作为黑龙江流域综合考察队自然资源组的前苏联方领导人来华进行考察 (图 8–8)，对促进两国科学，特别是土壤学的交流起了重要作用。《中国之土壤与自然条件概论》全书共 52 万字，除综述成土条件、风化和成土作用及近代积盐过程外，分别介绍了东北、西北、华北和华南的土壤，也介绍了许多中国人民传统的土地利用经验。中文版是根据 1958 年俄文原稿由陈恩健、杨景辉和常世华翻译，1960 年由科学出版社出版。俄文本于 1959 年在莫斯科出版，其后被译成英文和日文。该书在介绍中国土壤方面，比 20 世纪 30 年代梭颇主编的《中国之土壤》更为详尽，具有一定的历史价值。

图 8–6 B. A. 柯夫达（1904~1991 年）

能够尽量吸收水。
我们的土壤妈妈，
同太阳有亲密的友谊！
她能够接受太阳的热；
当黄昏来到的时候，
又把它发散出来。
气候也会影响她的健康。
冰雪的冬天，
把她冻坏了；
快乐的春天，
把她解放了。
在城市，有数不尽的垃圾堆，
都要经过她的改造，
才能变成美好的肥料。
我们的土壤妈妈，
它完成了清洁队员未了的工作。
我们的土壤妈妈，
从不辜负农民的希望。
改造自然的伟大计划，
把沙漠变成了绿洲，
从荒芜走向繁荣，
我们的土壤妈妈，
更进一步展开她的工作。

7.4 土壤文化的传承

中国人是农耕为主的民族，对土地的依赖性很强。中国先民选择了“滨水而靠山”、“择土而居”、“聚族而居”的生存原则，经几千年的发展和演变，许多民俗民风、伦理道德，对中国人的修养和精神文明一直起着潜移默化的影响。特别是融入炎黄子孙血脉中的家国情怀和乡愁等优秀传统土壤文化，正受到越来越多的人认同和接受。彰显了土壤文化在传承道德、弘扬中华文化的价值。

7.4.1 盼落叶归根

于右任先生晚年写过一首《望大陆》的绝唱就是生动的写照。

葬我于高山之上兮，望我大陆；
大陆不可见兮，只有痛哭。
葬我于高山之上兮，望我故乡；
故乡不可见兮，永不能忘。
天苍苍，野茫茫；
山之上，国有殇。

这是一首震撼中华民族的哀歌！全诗分3节，共56字，以“骚体”为样，反映出老人对爱国诗人屈原的钟情。最后一句“国有殇”是借用屈原《九歌》中“国殇”一词，表达自己以身许国的深深的爱国情怀，也表现出凝望苍茫大地、归期无日的深切悲痛。综观全诗，诗歌中隐约表现出了他强烈期望两岸统一的情感和渴望回归大陆的心情，也表现出他在有生之年未能实现心中期望的失望情绪，更感痛彻骨髓的是他未能回到大陆，回到故乡。临终时，他伸出一个指头、三个指头暗示：将来有一天，将他的灵柩运回大陆，魂归陕西三原县故土。

7.4.2 一片红土连两岸[17]

台湾和大陆有着不可分割的联系。在地质史上，台湾岛曾和大陆陆地相连。大约在1.8万年前，海平面上升，于是台湾山脉与福建山脉之低平谷地逐渐被海水淹没，形成了台湾海峡。其深度一般在50m左右，有的超过80m。台湾与福建隔着150km的海峡遥相呼应。两地均以山地、丘陵地形为主，山脉走向也完全一致，岩石种类也有其相似处。在亚热带高温多雨的条件下，在广阔的大地上，形成了一片覆盖于地表的富含氧化铁和氧化铝的土壤，把土壤染成红色。此种土壤学名为富铁土，俗称“红壤”，是生长热带作物的主要土壤。“红壤”是台湾丘陵台地的主要土壤，而在隔海相望的福建，这种土壤也占80%以上，所以海峡两岸不仅有类似的地质背景，相似的动、植物，而且一片同样的红土越过海峡把两岸连成一片。从台湾的桃园机场去台北市台湾大学的路上，这种土壤成了道路两旁的“红地毯”，迎接前来访问的客人。曾多次来大陆参加学术交流的台湾大学陈尊贤教授，一面驾车一面详细介绍路旁的景物和土壤，故友相逢，兴奋之情溢于言表，正如朋友们所说的“人亲，土也亲”。

海峡两岸的土壤工作者曾经历了长期的阻隔，近年来双方交流有所增加。自1995年以来，分别在大陆和台湾召开了10次海峡两岸土壤工作者会议。与此同时，台湾土壤工作者借各种会议之机，赴全国各地考察，增加了许多共同的语言。但是毕竟交流的机会少，导致了在专业用语上也有许多不同，如大陆称农业持续利用，台湾称农业永续利用；大陆称信息系统，他们称资讯系统；大陆称土地退化，他们称土地劣化。同一种土壤命名系统也不同，如大陆称火山灰土，他们称灰烬土；大陆称干旱土，他们称旱境土等。访问期间，我们多次被认为是当地人，说明我们之间衣着举止并没有差别，如果要说有差别，仅仅在个别的遣词造句上。

大陆的土地类型极其多样，凡国外有的土壤类型在大陆均可找到，台湾土壤学家也总想来大陆考察和实地交流。我国古有“有土斯有粮”、“一方水土养一方人”之说。台湾人民至今还保留着在农历十二月十六日，“尾牙”节那天，各户供牲礼，祭祀土地公的风俗。许多到大陆寻根的台湾民众都想看看家乡的变化，甚至在家乡采一把土带回台湾以解相思之情。台湾著名画家张大千先生在弥留之际仍不忘告诉他的后人，希望带两把家乡成都的土壤摆放在墓前，以解思乡之情。目前在台北的张大千故居内，确实摆放了两瓶从成都带来的土壤。这就是“乡土”观念，“故土难离”啊。

台湾土壤专家在光复以后，进行了七次较大规模的土壤调查，但限于人力仍有1/3的山地土壤未曾调查。鉴于中国土壤学会拥有上万会员，而台湾“中华土壤学会”仅有300多名会员。因此，台湾土壤专家亲口对我们说过：当条件一旦成熟，希望大陆派遣土壤工作者与台湾专家一起完成未调查区的土壤调查，这比邀请国外土壤学家更方便和有效，我们盼望这一天早日来到。

7.4.3 三件“泥土”象征海峡两岸一家亲[18]

2005年中国国民党荣誉主席连战在西安展开寻亲之旅，获赠的四件礼物中三件是“泥土”。“寻亲”也是寻根，在中华民族的字典里根与泥土密切相连。三件礼物一件是秦始皇兵马俑博物馆内有着两千年历史的“秦土”，凝聚着中华民族数千年的灿烂文化。一件是精美的青铜制品“簋”所盛的“轩辕圣土”，暗喻着两岸同根同源。还有一个是用泥土烧制的“瓦当”，“瓦当”是中国古代宫室房屋檐端的盖头瓦，位于屋顶筒瓦最下面一块垂下来的部分。这块汉代瓦当刻有“长生无极”四个字，是汉代纹饰瓦当中的佼佼者，反映人们祈求康乐、安宁、幸福的美好心愿，代表了西安人民的美好祝愿。三件礼物均出自脚下这块养育中华儿女的“泥土”，其蕴含的价值远超过礼物本身。

7.4.4 国土铜鼎共同祝愿中华民族走向兴盛[19]

2003年，春节联欢晚会剧组举行了一场昂扬的“国土汇联仪式”，纪念“神舟”四号飞船成功将分属于全国34个省、市、自治区、特别行政区及台湾的34捧泥土带入太空并重返大地。在零点钟声敲响之前，33个少女以及一位台湾高山族酋长，将每人手捧一捧泥土，倒入同一古雅的铜鼎中，这个仪式象征着中华儿女血脉相通，中华大地山水交融。这34捧泥土随后被烧铸在铜鼎里，陈放在天安门城楼上作永久纪念。盛世铸鼎，这个国土铜鼎表明了中华民族正走向伟大复兴。

参考文献

[1] 游修龄，曾雄生. 中国稻作文化史. 上海：上海人民出版社，2010: 406–407, 430–446

[2] 黄文秀. 农业自然资源. 北京：科学出版社，1998: 1–14

[3] 龚子同，陈鸿昭，袁大刚，等. 中国古水稻土的时空分布及其启示意义. 科学通报，2007, 52(5): 562–567

[4] 熊毅，李庆逵. 中国土壤. 2版. 北京：科学出版社，1987: 729–736

[5] 孙鸿烈，张荣祖. 中国生态环境建设地带性原理与实践. 北京：科学出版社，2007: 267–304

[6] 宋濂，等. 元史卷（三十六）. 北京：中华书店，1976

[7] 商务印书馆. 新华字典（1979年修订重排本）. 北京：商务印书馆，1980: 70–71, 79

[8] 张岱年. 中国文史百科（上）（民族卷）. 杭州：浙江人民出版社，1999: 120–121

[9] 游修龄. 奇妙的语言文字. 杭州：浙江教育出版社，2010: 10–11

[10] 王云森. 中国古代土壤科学. 北京：科学出版社，1980: 13–21

[11] 中国科学院自然科学史研究所地学史组. 中国古代地理学史. 北京：科学出版社，1984

[12] 张可. 南京也有地坛，比北京古老千年. 扬子晚报，2015-2-10(A3版)

[13] 林蒲田. 中国古代土壤分类和土地利用. 北京：科学出版社，1996: 1–10

[14] 龚子同，等. 中国土壤系统分类（理论·方法·实践）. 北京：科学出版社，1999

[15] 巴金，周立民. 巴金作品精选. 杭州：浙江少年儿童出版社，2009: 135–139

[16] 中国小百科全书编纂委员会，陈德礼，冯双向. 中国小百科全书6——文学与艺术. 北京：团结出版社，1994: 180–230

[17] 龚子同，张甘霖，骆国保. 婆娑之洋，美丽之岛 // 张甘霖，等. 土壤地理研究回顾与展望.

北京 : 科学出版社 , 2012: 590–592

[18] 张漪 . 连战在秦兵马俑博物馆遇最高规格礼待，“三大意外”显家乡人真情 . 扬子晚报 , 2005–5–1(A15 版)

[19] 张漪 . 34 捧国土 , 汇聚在春节晚会 . 扬子晚报 , 2003–2–2(B4 版)

第8章 中国土壤与成土条件

自然环境条件和人类活动是决定土壤利用和农业生产发展的重要因素。自然环境条件和人文因素的时空分布规律，不但决定土壤利用和农业生产的发展方向，而且影响农业生产部门结构、耕作制度、区域分异和农业技术措施。因此，扼要介绍我国土壤与成土条件，是探讨我国土地利用的前提。

8.1 自然条件与土壤

8.1.1 地理位置与国土疆域

地理位置与国土疆域是决定一个国家自然地理面貌的基础。我国位于亚洲东部，太平洋西岸。地处北纬4°~53°30'，东经73°40'~135°05'，跨纬度近50°，跨经度61°多。最北端是黑龙江漠河以北黑龙江主航道的中心线，最南端是海南省南沙群岛南缘的曾母暗沙，最西端在新疆维吾尔自治区乌恰县以西的帕米尔高原上，最东端在黑龙江省抚远县境内黑龙江与乌苏里江的主航道汇合处。

我国是一个海陆兼备的国家，既有广阔的陆域，又有浩瀚的海域。领土面积960万km^2，约占世界陆域总面积1/15，仅次于俄罗斯和加拿大，居世界第三位。临近我国大陆的海区有渤海、黄海、东海、南海和台湾岛东岸太平洋海区，其中深入大陆，为辽东半岛和山东半岛环抱的渤海是内海，并有按照国际公认的准则归我国管辖的大陆架和专属经济区，海域面积有300多万km^2。我国远海有面积500m^2以上的岛屿6536个，总面积约72 800多km^2，85%以上分布在杭州湾以南的大陆近岸和南海。

面积超过 200km^2 的有台湾岛、海南岛、崇明岛、舟山岛、平潭岛、东山岛、东海岛和长兴岛，是世界上的海洋大国之一[1]。这样广阔国土上的自然条件，从对土壤形成和农业生产发展影响最大的方面来说，有以下几个明显特点。

8.1.2 地形起伏多山

我国的地形极其复杂。以海拔计算，超过 500m 的地方占全国 84%，500m 以下的仅占 16%，是一个多山的国家[2]。地形的基本特征有以下几点。

1. 西高东低，构成巨大的阶梯状斜面

打开我国地形图可以看出，从被称为“世界屋脊”的青藏高原，逐级下降，到达东部滨海平原，其间由两条山岭组成的地形界线，把大陆地形分为四级阶梯。以珠穆朗玛峰（海拔 8844.43m）为最高峰的一系列高大山系和青藏高原（海拔 4500~5200m）为第一级阶梯；昆仑山和祁连山以北，横断山以东，地势急剧下降到海拔 1000~2000m，为第二级阶梯；沿大兴安岭、太行山、巫山、雪峰山一线以东，由海拔 1000m 降低到几十米和几米，为第三级阶梯；我国碧波万顷的海洋，沿海岛屿星罗棋布，在水深大都不足 200m 的大陆水下延伸部分，是浅海大陆架区域，为第四级阶梯[2,3]。

2. 地形多种多样

我国有低平宽广的东北平原、华北平原和长江中下游平原；也有海拔较高、面积广大的青藏高原、内蒙古高原、黄土高原和云贵高原；还有许多峰峦高耸、地面崎岖的山地；另有像黄土丘陵和江南丘陵那样高度不大、坡度缓和的丘陵；还有像四川盆地、塔里木盆地、准噶尔盆地和柴达木盆地那样周围高、中间低的盆地。据统计，全国山地占全国土地总面积 33%，高原占 26%，丘陵占 10%，盆地占 19%。平原占 12%[1-3]。

3. 山脉纵横，定向排列

我国山脉大体上成网格状排列。天山—阴山、昆仑山—秦岭、喜马拉雅山—南岭三列东西走向的山脉，同大兴安岭—太行山—巫山—雪峰山、长白山—武夷山、台湾山脉三列东北—西南走向的山脉互相交织。这些具有方向性的大山土壤垂直带谱醒目，并往往成为土壤地带的天然分界线。在南北向或北北西—南南东走向的横断山纵谷区，夏季西南季风沿河长驱直入，但背风坡形成干热河谷，导致独特的土壤及其分布形式[4]。

8.1.3 成土母质多样

我国在燕山运动以后，大陆的基本地理形势已奠定，但到了更新世时，中国西北、北部和中部山地有冰川活动。因此，山区的成土母质主要是花岗岩、流纹岩、安山岩和玄武岩基岩残积物和坡积物，而在东北、华北、长江中下游和华南三角洲则为冲积物；在昆仑山、秦岭到山东一线以北，大部分地面为沙漠戈壁的风积物和黄土堆积覆盖，而在长江以南第四纪红色黏土分布广泛。冰碛物主要出现在青藏高原和西部高山[4,6]。

由于成土母质在地球化学过程中所处的发育阶段不一样。龚子同将整个断面受大气湿润影响，通常处于氧化状态的称为氧化系列风化壳，而把受积水影响很大，还原作用强烈，断面中常有大量锈纹、锈斑以及铁、锰结核的称为还原系列风化壳[5]。氧化系列风化壳可分为 5 个类型：

碎屑风化壳　由岩石机械崩解产物组成，分布在青藏高原及其他高山区。

含盐风化壳　以氯和硫为标志元素，有氯化钠、石膏或硝酸盐、硼酸盐积累。分布在青藏高原、新疆内陆湖区及内蒙古西部、甘肃北部漠境区。

碳酸盐风化壳　以钙、镁为标志元素，黏土矿物以水云母为主，石灰含量不一。分布在东北、西北丘陵山区和山前平原、黄土高原、华北平原及青藏高原中南部。

硅铝风化壳　盐基饱和或开始不饱和，以氢、铝、硅、铁为标志元素，2 ∶ 1 型层状硅酸盐为主，蛭石和过渡矿物明显增加。从东北、华北山区和山前地带一直延伸到青藏高原。

富铝风化壳　风化壳厚度较大，易溶盐、碳酸钙和大部分盐基已淋失，硅淋失也强烈，而铁、铝、钛的水化氧化物相对积聚，呈酸性反应。以氢、铝及硅、锰、铁为标志元素，黏土矿物以 1 ∶ 1 型层状硅酸盐为主。广泛分布在华南地区。

8.1.4 季风气候异常显著

我国是世界上季风环流最发达的地区之一[3]。冬季风来自寒冷大陆，风向偏北，寒冷干燥；夏季风来自低纬热带海洋，风向偏南，高温多雨，雨热同季，四季更替分明。我国降水量大致是由东南的 1500mm 以上向西北逐渐递减到 50mm，其季节分配特点因受东南季风、西南季风和地形的影响，夏湿冬干。西北地区深居内陆，夏季风鞭长莫及，西南季风为喜马拉雅山和青藏高原阻挡影响不到西北内陆地区，以致降水稀少，形成干燥气候。青藏高原海拔高、气温低，形成高原高寒气候。

图 8-7　华南红壤地区考察
（左起为陆发熹、柯夫达、
格拉西莫夫、李庆逵、熊毅）

图 8-8　黑龙江流域土壤考察
（左起为侯光炯、马溶之、柯夫达）

8.3.3《中国土壤》[4]

由熊毅、李庆逵主编的《中国土壤》一书，是新中国成立以来反映我国土壤研究新进展的重要科学专著。第一版于 1978 年发行，1987 年再版，吸收第一版以后土壤研究的最新成果，对有关章节进行修改和补充，还对全书作了调整和改动。全书共分三篇四十六章，并附李锦等编制的 1 ∶ 1000 万全国彩色土壤图。第一篇，我国土壤的类型和分布；第二篇，土壤的基本性质和肥力特征；第三篇，土壤的利用改良。全面系统地介绍了新中国成立以来我国土壤科学研究和利用改良方面取得的成果，客观地反映了我国当时土壤科学的发展水平。这是由我国近百名土壤科学工作者共同撰写的一部大型综合性土壤专著，实现了几代人孜孜以求的共同梦想，被称为“争气书”。这本书在介绍中国土壤方面比梭颇主编的《中国之土壤》和柯夫达编写的《中国之土壤与自然条件概论》在深度和广泛上都更为详尽和更有代表性。该书的出版，对开发我国土壤资源、促进土壤利用改良和发展农业生产起了一定的指导作用。因而深受国内、外读者的欢迎。日本著名土壤学家川濑金次郎和菅野一郎教授已将该书翻译为日文出版[17]。后又译成英文出版[18]（1990 年）（图 8-9）。该书曾获全国科学大会奖、中国科学院自然科学一等奖；1991 年又与熊毅主编、李锦副主编的《中国土壤图集》（1986 年）一起获得国家自然科学二等奖。

8.3.4《中国土壤系统分类（理论・方法・实践）》[10]

《中国土壤系统分类（理论・方法・实践）》一书是在中国科学院和国家自然科学基金委员会双重支持下，在龚子同团队主持下，凝聚了 240 多位土壤学家参加

图 8-9 《中国土壤》的中（一、二版）、英、日文版

的一项成果（图 8-10）。全书共分 22 章，详细论述中国土壤系统分类的建立和发展、原则和方法，对 14 个土纲进行了分章详述，并对基层分类、信息系统、土壤分布和土壤分类应用进行了探讨。是迄今为止我国土壤分类方面内容最为丰富、资料最为翔实的一本专著。该书的出版标志着我国土壤分类定量化、标准化和国际化的重大进展。《中国土壤系统分类检索》已译成英文和日文，摘译成俄文，在国内、外产生较大的影响。1996 年中国土壤学会正式将此分类列为我国标准土壤分类向全国推荐，并已广泛进入大学教科书和辞书。在美国出版的《土壤百科全书》将中国土壤系统分类作为专门词条列出。H. Eswaran 等主编的《土壤分类》一书，专章介绍了中国土壤系统分类。日本土壤学会将中国土壤系统分类与美国土壤系统分类和联合国土壤图图例单元作为世界三大分类向会员介绍。国际土壤学会全盘采用中国土壤系统分类中的人为土分类。2005 年获国家自然科学二等奖。

8.4 全国土壤普查

土壤普查是清查土壤资源、测定土壤养分状况，因地制宜地改良利用土壤的重要基础工作。对发展农、林、牧业生产，促进农业现代化有重大作用。新中国成立后，开展过两次全国土壤普查[19]。

图 8-10 中国土壤系统分类研究团队

8.4.1 全国第一次土壤普查

在全国开展“深耕改土”的形势下，1958 年 11 月，农业部在广东省新兴县召开全国土壤普查鉴定工作现场会议，启动群众性土壤普查。经毛泽东主席批示，全国各地先后开展以耕地为中心的土壤普查鉴定工作。农业部和各省、自治区、直辖市分别成立土壤普查办公室，以县为单位，大体以乡（当时的人民公社）为基础，采用科技人员、农民群众和领导干部三结合的方式进行。历时 3 年（1958~1960 年），全国各省、自治区、直辖市（除西藏自治区和台湾省外）完成了外业土壤普查鉴定工作，于 1960~1964 年完成土壤普查资料汇总 (图 8–11)。

由农业部全国土壤普查办公室主编的成果有：《中国农业土壤志》、1 ∶ 250 万中华人民共和国农业土壤图、1 ∶ 400 万中国农业土壤肥力概图、1 ∶ 400 万中国农业土壤概图。全国第一次土壤普查是在总结群众经验基础上进行的，由此丰富了农业土壤的分类与命名，探讨了农业土壤的熟化过程和肥力演变，促进了中国农业土壤科学的研究，推动了农业生产的发展。

8.4.2 全国第二次土壤普查

1978 年党的十一届三中全会以后，工作重心转移到社会主义现代化建设上来，要求在全国范围内开展第二次土壤普查，主要解决因土种植、因土改良、因土施肥问题，提高科学种田水平，促进农业生产持续发展；同时丰富我国的土壤科学；并

图 8-11　全国第一次土壤普查座谈会

培养一支土壤肥料科技队伍，提高广大干部群众的土壤科学知识水平。1979 年 4 月，国务院指令，由农业部全国土壤普查办公室组织领导，业务技术由全国土壤肥料总站、中国科学院南京土壤研究所、中国农业科学院土壤肥料研究所牵头，开展全国土壤普查。历时 16 年（1979~1994 年）完成全国土壤普查外业（台湾、香港、澳门未普查）。1993 年春至 1995 年春，完成全国土壤普查各项成果的汇总和编纂工作。

全国第二次土壤普查各省（市、区）、地（市、盟）、县（市、旗）均取得一系列成果。在此基础上，汇总成全国性的土壤普查成果。其中文字资料有：席承藩主编的《中国土壤》[20]、朱克贵主编的《中国土种志》1~6 卷 [21]、《土壤普查成果应用资料汇编》、《土壤调查与制图手册》。

图件有：中国土壤图（含 1 ∶ 100 万分幅、1 ∶ 250 万分幅及 1 ∶ 400 万挂图、1 ∶ 1000 万插图），土壤有机质、氮、磷、钾图（1 ∶ 100 万），土壤改良利用分区图（1 ∶ 400 万），6 种土壤微量元素图（1 ∶ 400 万），土壤酸碱度和碳酸盐含量图（1 ∶ 400 万），土地利用现状图（1 ∶ 400 万）。

全国第二次土壤普查全面反映了我国土壤的形成条件、类型分布、面积、理化性状和改良利用途径，并对全国范围内土壤肥力要素空间分异和土壤资源的分区、开发利用作了剖析，为 20 世纪末和 21 世纪初推动配方施肥、改造中低产田、保护和建设基本农田、因地制宜调整农业结构、区域土壤综合治理和开发等重大举措提供了有力的土壤科学依据。

8.5 土壤科学对我国国民经济建设的贡献

新中国成立以来，我国土壤科学取得巨大成就。出版了一批理论成果，如《中国土壤》、《中国土壤图集》、《中国水稻土》、《中国东北土壤》、《中国红壤》、《中国盐渍土》、全国第二次土壤普查系列成果、《中国土壤系统分类》、《红壤物质循环与调控》、《中国土壤氮素》、《中国土壤微量元素》、《可变电荷土壤的电化学》、《中国森林土壤》、《中国土壤地理》、《中国紫色土》（上、下）、《土壤中化学物质的行为与环境质量》、《中国土壤质量》、《土壤植物系统的重金属污染》等。这些理论成果对发展土壤科学，促进土壤学为国民经济服务具有重要意义。本节不直接介绍这些成果的科学性和创新性，而是以这些成果为基础，以举例的方式，从摸清土壤资源、合理施肥和若干重要土壤改良成果三个方面，反映土壤学对国民经济建设作出的贡献。

8.5.1 摸清土壤资源，合理开发利用

鉴别土壤、分类土壤是因地制宜利用土壤的前提。新中国成立后，先后开展东北粮、棉增产土壤调查，黑龙江荒地资源综合考察；黄河中、下游水土保持，甘、新、青、藏综合考察，西部地区南水北调综合考察，内蒙古宁夏综合考察；青藏高原综合科学考察；渤海及苏北盐碱区、黄泛区荒地土壤调查，黄淮海平原旱、涝、盐碱、风沙综合治理和合理开发；西沙群岛科学考察；长江流域土壤调查，长江三峡工程对生态与环境的影响及其对策研究，南水北调东线土壤次生盐渍化防治；太湖平原综合开发；华南、滇南橡胶宜林地调查，南方红壤丘陵综合治理及持续发展等，并测制土壤利用规划等图件。在黄淮海平原、南方丘陵、长江、珠江三角洲主粮区进行长期试验研究。同时，在 20 世纪 50 年代和 80 年代开展了以耕地为中心的两次全国土壤普查。通过这两次土壤普查和以上的土壤调查及综合考察，对全国和各省（市、区）县的土壤进行分类、制图和资源评价。编著全国性和地区性土壤专著和土壤志、各种比例尺土壤图和各种土壤养分图。同时出了像我国自然资源考察的先驱、土壤地理学奠基人马溶之、李连捷、宋达泉、朱莲青和朱显谟等一批人才。马溶之（图 8–12）

图 8-12　马溶之（1908~1976 年）

图 8-13　李连捷（1908~1992 年）

是中国科学院土壤研究所第一任所长，参与并领导第一次全国土壤普查。担任过黄河中游水土保持，青、甘、宁、蒙地区综合考察队队长，中国科学院综合考察委员会副主任。在土壤调查制图、土壤区划、土壤分类及地理分布、古土壤、水土保持及自然资源考察等领域进行大量研究和组织领导工作，做出了重要贡献；李连捷（图 8-13）是中国农业大学教授，担任过西藏工作队农业组组长，中国科学院新疆综合考察队、北京山区综合考察队队长，全国农业遥感应用及培训中心主任，为西藏引进内地作物、土壤为农业服务和培养土壤地理学人才作出重大贡献。

进入 21 世纪后，数字土壤制图和以土系为核心的基层分类研究进一步深入。据此总结出全国性和区域性土壤分布规律、土壤改良利用分区，并建立各种土壤数据库。提出当地土壤利用规划和土壤改良利用途径。可以说，我们国家已没有一个地方没有经过土壤调查。土壤是农业生产的基础，没有土壤的基础资料，没有土壤类型和土壤性质作为依据，农业生产就带盲目性。近十年来，我国粮食总产量保持增长态势，与土壤研究的贡献是分不开的。

8.5.2 掌握土壤养分状况，合理施肥

在外国，德国土壤学家李比希提出“归还说”，而我国民间一直流传着“庄稼一枝花，全靠肥当家”的谚语。联合国粮农组织（FAO）估计，农业增产的 30% 靠合理施肥。我国的情况也大体如此，作物产量与施肥量有很高的相关性。

掌握全国土壤养分基本状况　通过全国土壤普查及黄淮海、红壤、太湖地区和珠江三角洲等地的试验研究，取得大量第一手土壤主要养分状况的基础数据。在此

基础上绘制了全国性土壤氮素、磷素、钾素图，以及土壤有效 Cu、Zn、B、Mn、Mo 和稀土元素分布图。

制订土壤养分分级指标　通过大量田间试验，土壤养分含量、形态和有效性研究，制订了我国土壤有效磷水平分级，明确土壤钾水平与施钾效应的关系。制订土壤硫、微量元素（B、Mo、Mn、Zn、Cu、Co、Ni、V）和稀土元素的评价指标。

合理施肥的途径　针对太湖高产地区盲目施氮，在氮肥去向研究理论指导下，提出减少氮肥施用量、氮肥深施或无水层混施的合理施氮方法和技术；在黄淮海和红壤地区，发现稻田和玉米地上氮挥发是氮素损失的主要途径，提出合理施肥量和施肥技术；从土壤、作物和磷矿性质三方面综合、长期、系统地研究我国磷矿直接施用理论和技术，推广达 1000 万亩以上；提出在一个轮作周期内“重旱轻水”的施磷技术，提高磷肥利用率；我国钾肥资源有限，首先应施在经济作物上，分配在轮作中最需要钾肥的作物上，在干旱年份更应强调钾肥的施用；微量元素肥料，可采用包括种子处理、沾秧根和叶面施肥等技术。近年来，叶面施肥的产业化也已获很大发展。

以上成果中“稻田土壤供氮能力和氮肥施用量的推荐”和“太湖地区高产土壤培育和合理施肥”分别获 1987 年和 1990 年国家科技进步二等奖；“我国主要土壤的供钾潜力与需钾前景和钾肥推广应用”、“中国磷矿农业利用”分别获 1987 年和 1989 年国家科技进步三等奖；“我国土壤中硼、钼、锰、锌、铜含量与分布规律”获中国科学院科技进步一等奖。

近年来，土壤肥力的概念得以进一步发展，从传统的以养分和物理状况为核心的肥力质量向包括土壤环境质量和健康质量的综合质量演变，并且开展了主要耕地土壤的质量表征研究。

8.5.3 改良与培肥土壤，提高土地生产能力

俄罗斯学者指出：“没有不良的土壤，只有不良的耕作技术”。我国民间也流传着“人勤地不懒”的谚语。新中国成立以来，在改良与培肥土壤方面，为农业的增产、稳产、高产和可持续发展做出很大贡献。这里仅举数例。

黄淮海平原中低产地区综合治理　黄淮海平原西起太行山麓，东止于海滨，以黄河古三角洲为主体，地势平坦，坡降很小，是我国第二大平原。面积约 30 万 km^2 的黄淮海平原，存在旱、涝、盐碱、风沙等灾害，生态系统十分脆弱。20 世纪 50 年代末为了解决干旱问题曾盲目引水灌溉，只灌不排，搞平原水库蓄水等，导致大量渗漏水补给地下水，使地下水位抬高，土壤普遍发生次生盐渍化，严重影响农业生产，

教训十分深刻。中国科学院、农业部和北京农业大学等单位分别针对黄淮海平原存在的重大问题，开展区域农业综合治理研究。

熊毅（图 8–14）、席承藩为首的团队在摸清黄淮海平原旱、涝、盐碱、风沙灾害和水盐运动规律基础上，吸取了国内、外有益的经验，于 1993~1994 年提出“因地制宜，综合治理”的观点，采取水利工程和农业生物措施相结合。在水利方面，采取灌排相结合；在农业生物措施方面，采取改土和培肥相结合。1965 年在国内首创在河南封丘县盛水源打 5 眼“梅花”形布局的机井群，在抗旱、改土、增产试验方面取得了成功。1966 年在封丘扩建 10 万亩井灌井排试验区，之后又在山东再建 10 万亩试验区，为黄淮海平原大面积盐碱地改良提供宝贵经验和模式，在此基础上又进一步开展中低产田综合治理（图 8–15）。熊毅也因此被授予国家级先进科技工作者称号。此项由中科院和农业部联合主持的项目，1993 年获国家科技进步特等奖。近年来黄淮海平原的土壤地力研究进一步深入，并在大面积均衡增产方面取得了新的成绩，相关成果获得了国家科技进步二等奖。

图 8–14　熊毅（1910~1985 年）

图 8–15　黄淮海平原综合治理后

红壤退化机制与防治　红壤广泛分布于我国南方地区，面积达 218 万 km^2，是我国重要的粮食和亚热带经济林木、果树生产基地。由于长期不合理利用，存在着土壤侵蚀、肥力减退、土壤酸化和季节性干旱等问题。20 世纪 50 年代，中国科学院组成以李庆逵（图 8–16）为首的团队进行红黄壤地区土壤资源调查、改良利用试验和橡胶宜林地考察。1983 年出版了《中国红壤》一书，1987 年获国家自然科学三等奖。在此基础上，1985 年在江西鹰潭建立中国科学院红壤生态实验站。赵其国、张桃林、何圆球等系统开展了我国红壤退化机制与防治研究工作，提出了红壤退化区域防治对策和综合利用战略，形成了一系列优化模式和配套技术体系，并加以示范推广应

图 8-16　李庆逵（1912~2001 年）

图 8-17　红壤治理

用（图 8-17）。此项成果获 2004 年国家科技进步二等奖。

冬水田自然免耕技术　1979 年侯光炯（图 8-18）到四川省长宁县相岭区建立农业综合研究基点。该区冬水田面积大，产量低。当地的光热资源可以一年三熟，而冬水田只能一年一熟。提高冬水田生产力问题引起侯光炯的注意，他总结了水稻半旱式栽培和小麦湿板田免耕栽培的经验。通过垄作、浸润、免耕等对比试验，逐步完善冬水田自然免耕技术[22]（图 8-19）。在技术关键中特别强调连续垄作、连续浸润、连续免耕和连续植被的配套，具有省工、省水、一田多用、增产增值的优点。与冬水田常规耕作法不同，它用重建土壤垄沟生态条件的手段，改变冬水田长期淹水的水热状况，改善耕作层土壤的生理机能，使水、热、气、肥逐步与作物生长协调，为高产创造条件。同时，增强了土壤与植物的抗逆力，减少冬水田秧苗坐蔸，发挥

图 8-18　侯光炯（1905~1996 年）

图 8-19　紫色土聚土免耕垄作（朱波　供稿）

冬水田的生产潜力。此法已在全国 13 个省、市推广，增产效果显著。1986 年获四川省科技进步一等奖，1987 年获国家科技进步三等奖。

此外，我国在黑土、白浆土、紫色土、灌淤土改良方面也取得很大成绩。

参考文献

[1]《中国国土画册》编纂委员会 . 中国国土画册 . 北京：新华出版社 , 1989: 1–176

[2] 中国科学院地理研究所 . 中国地貌区划（初稿）. 北京 : 科学出版社 , 1959

[3] 席承藩 , 丘宝剑 , 张俊民 , 等 . 中国自然区划概要 . 北京 : 科学出版社 , 1984

[4] 熊毅 , 李庆逵 . 中国土壤 . 2 版 . 北京 : 科学出版社 , 1987

[5] 龚子同 . 我国境内成土风化壳的地球化学类型 . 北京 : 科学出版社 , 1980

[6] 陈杰 . 成土因素 // 龚子同 , 黄荣金 , 张甘霖 . 中国土壤地理 . 北京 : 科学出版社 , 2013: 2–11

[7] 水利电力部水文局 . 中国水资源评价 . 北京 : 水利电力出版社 , 1987

[8]《中国植被》编辑委员会 . 中国植被 . 北京 : 科学出版社 , 1980

[9] 中国科学院《中国自然地理》编辑委员会 .《中国自然地理・植物地理》（上册）. 北京 : 科学出版社 , 1983

[10] 龚子同 , 等 . 中国土壤系统分类（理论・方法・实践）. 北京 : 科学出版社 , 1999: 32

[11] 何希吾 , 姚建华 , 等 . 中国资源态势与开发方略 . 武汉 : 湖北科学技术出版社 , 1997: 87–112

[12] 龚子同 , 黄荣金 , 张甘霖 . 中国土壤地理 . 北京 : 科学出版社 , 2014: 419–552

[13] 龚子同 , 陈鸿昭 , 张甘霖 , 等 . 中国土壤资源特点与粮食安全问题 . 生态环境 , 2005, 14(5): 783–788

[14] Thorp J. Geography of the soils of China. Special Soil publ. Ser, 1936, B1: 1–244

[15] 龚子同 , 王浩清 , 张甘霖 . 我国现代土壤科学的起源 . 土壤 , 2010, 42(6): 868–875

[16] 柯夫达 B A. 中国土壤与自然条件概论 . 陈恩健 , 杨景辉 , 常世华译 . 北京 : 科学出版社 , 1960: 1–450

[17] 熊毅 , 李庆逵 . 中国土壤（日文版）. 川濑金次郎 , 营野一郎译 . 东京 : 日本博友社 , 1983

[18] Academia Sinica. Institute of Soil Science. Beijing: Soils of China, Science Press, 1990

[19] 陈国达 , 陈述彭 , 李希胜 , 等 . 中国地学大事典 . 济南 : 山东科学技术出版社 , 1992: 670–671

[20] 全国土壤普查办公室 , 席承藩 . 中国土壤 . 北京 : 中国农业科学出版社 , 1998: 1–1254

[21] 全国土壤普查办公室 , 朱克贵 . 中国土种志 (第 1~6 卷). 北京 : 农业出版社 , 1993

[22] 中国科学技术协会 . 中国科学技术专家传略（农学编・土壤卷 1）. 北京 : 中国科学技术出版社 , 1993: 74–87

第9章 中国土壤利用面临挑战

9.1 土壤利用特点

类型众多的土壤资源和千差万别的自然条件，经过长期的开发、利用和改造，形成了目前的土地利用格局。正确认识我国土地利用现状的特点，揭示其存在问题，有助于调整土地利用结构与布局，节约集约、循环持续利用土地资源。

9.1.1 土壤利用程度高

已利用土地包括耕地、园地、林地、牧草地和非农建设用地等。根据我国于2013年12月30日发布的第二次全国土地调查数据，就全国土地总面积构成而言，农业用地面积比重最大，约69 146.1万hm^2（1 037 190万亩），占全国总土地面积89.70%；以城镇村及工矿用地、交通用地、水域及水利设施用地为主的非农业建设用地比重较小，约7937.1万hm^2（119 058万亩），仅占10.30%。在农业用地内部结构中[1]，耕地、林地和牧草地比重大，而园地比重小。其中，耕地面积仅占农业用地总面积19.58%，林地占36.73%，牧草地占41.55%，而园地占2.14%。全国各地区之间土地利用率也不均衡。东部季风区，气候湿润，土地可利用条件较好，一般都在85%以上，高者如福建省达96.7%，河南省达93.79%，广东省达93.76%。西部半干旱、干旱地区，土地可利用性与可利用条件较差，一般在85%以下，如新疆仅44.82%。同时区域差异显著。首先，表现在东西之间的差异上，东部是中国耕地、林地、沼泽、淡水湖泊、外流水系以及城镇居民点、铁路等集中分布地区，农、林、渔业最集中的产区，土地利用集约特征明显。西部几乎集中了全国所有沙漠、戈壁、石山、冰川、积雪、咸水湖泊及绝大部分的草原，农用地中以畜牧业用地占首要地位，且以放牧为主。其次，在南北差异上，在东部，以秦岭、淮河为界，北方以旱地农业为主，南方以水田农业为主；在西部，以祁连山、阿尔金山、昆仑山为界分南、北两部分，北部为干旱灌溉农牧区，南部青藏高原为高寒农牧区。

9.1.2 土壤退化严重

土壤退化（soil degradation）指在自然因素和人为因素影响下土壤质量及其可持续性所发生的暂时性和永久性下降，包括弱化与破坏土壤农业生产能力或土地利用和环境调控潜力，甚至完全丧失其物理、化学和生物学特征的过程。土壤退化不仅加速森林破坏、土壤侵蚀、水体污染，直接损害生态系统生产力，致使其服务功能衰减或丧失，而且对全球气候及 C、N、S、P 元素循环产生负面影响，使温室气体由土壤向大气扩散，促使气候变暖。土壤退化是一个动态过程，假如人类能自觉地介入到对这一过程的调控和恢复重建中，可以减少土壤退化的危害，也可使之朝利于土壤肥力提高的方向发展。

与土壤形成发育过程类似，土壤退化也是一个长期的、动态发展的复杂过程。导致土壤退化的因素往往是错综复杂的，来自自然界的驱动因素包括气候、母质、地形等自然因素的异常变化是引起土壤退化的基础，决定着区域土地退化的方向；而人为因素则是土壤退化驱动力中最活跃的因子，人类不合理的土地利用方式往往扮演着推进土壤加速退化的重要角色。

自然环境的变迁包括全球气候变化、海平面上升以及各种地学过程如地貌演化、火山活动，还有土壤淋溶作用等的深刻影响。此外，突发性自然灾害如洪水、风暴、冰雹、地震以及森林火灾等也可以直接诱导或者加速土壤的退化过程。当然在同样的气候变化、地形变迁过程中，土壤类型不同、土壤成土年龄不同，都会影响到其抵御退化的能力。土壤质量的下降或土壤退化往往是一个自然和人为因素综合作用的动态过程。这里的人为因素除了人类利用土壤的种种活动外，还包括经济、文化、制度、技术等人类利用土壤的社会背景。

我国土壤退化具有发生区域广、区域土壤退化发生类型不同、程度不等的特征，已影响到我国 60% 以上的耕地土壤。中国土壤退化主要分为 6 种类型，即土壤侵蚀、土壤荒漠化、土壤盐渍化、土壤养分贫瘠化、土壤污染和土壤酸化等。

9.1.3 人为活动对土壤的影响越来越大[2]

土壤形成五大因素（气候、地形、母质、生物和时间）学说，早已为广大土壤学家所熟知；至于人为活动对土壤的影响，早先没有受到应有的重视。而近一个世纪以来人为活动对土壤的影响则越来越受到人们的关注。例如，20 世纪 30 年代中国土壤学家提出了水稻土是人为作用的产物。随着工业的发展、人口的增加和耕地的减少，人为作用对土壤的影响也越来越深刻。

人类对土壤作用的强度与人口成正比，与耕地面积成反比，即人均耕地越少，其影响强度越大。但不同生产水平条件下，同样的人口与耕地，其影响强度也有差异。农业生产水平取决于耕作、施肥、灌溉与种植制度等，但最终必然反映在单位面积产量上。因此，我们以人为作用强度指标并以中国 800 年来的情况为例来说明，其公式为

$$\xi_i = P_i/P_{max}$$

式中，P_i= 人口与耕地之比 × 单位面积粮食产量，P_{max} 代表统计年代内最大人为作用强度。从此式可见，12 世纪时，人为作用的强度很小，其后强度日益增加，整个趋势呈指数增长，其间虽因战乱而有起伏，但近百年来的变化特别明显（图 9–1）。近百年来，我国人口增加 2 倍，随着肥料用量增加，灌溉面积扩大，单产由 50 年前的 1.0t/hm^2 增至目前的 4.5t/hm^2。在此过程中培育了良田，也出现了一些土壤退化。

人类活动每年引起的地球表面物质运移数量约等于自然状态下每年从江河流域中搬运泥沙的 17 倍。中国具有世界上最强烈的人类活动规模和强度，全世界每年搬

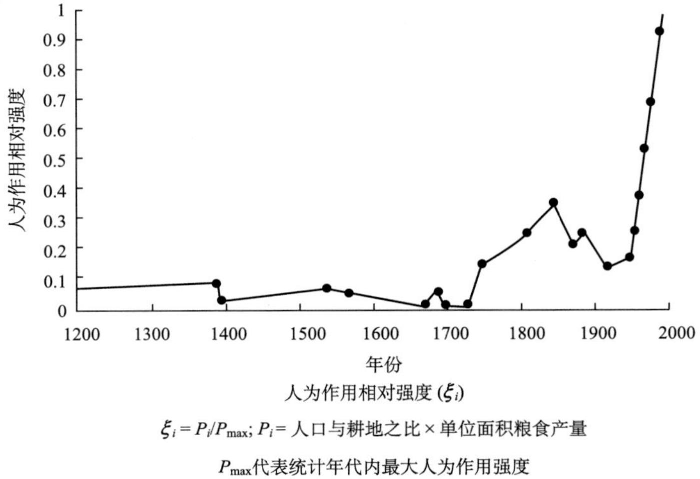

图 9–1 人为作用相对强度的历史变化

运泥沙和土壤的数量为 1360 亿 t，其中中国为 381.7 亿 t，占全世界的 28.1%。

从世界范围内的总体评价来看，中国的人类活动强度要比世界平均范围高出 3.0~3.5 倍。

9.2 土地占用

9.2.1 城市化的影响

20 世纪初全球只有 1.6 亿城市人口，目前城市人口达到 32 亿，在 100 年左右时间内增加了 20 倍，约有 2% 的地球陆地表面被城市占据。城市规模迅速扩张和城市人口迅速增加的趋势在未来 50~100 年中仍将继续，这一趋势在发展中国家尤为突出。估计 2025 年将有 2/3 的世界人口生活在不同规模的城市中。目前世界城市化水平为 53.8%，中国已超过 50%。

城市化对土地资源的影响通过三种形式：① 地表不可逆的永久封闭，导致土壤丧失其他功能，人类将失去真正意义上的土壤资源；②城市生活、工业活动加重周边农地的污染负荷，直接进入土地的污染物、大气沉降、酸雨使土壤环境压力增大；③化肥、农药不恰当的使用，可能导致土壤质量下降。

9.2.2 耕地资源减少

我国人多地少，以占世界 10% 的耕地承载着占世界 20% 的人口，这是很大的成就，但同时也可看出我国人地矛盾突出。近年来，耕地占用势头还在继续。1996~2010 年全国建设用地面积共增加 494 万 hm^2（7410 万亩），年均占地 35.3 万 hm^2（529.3 万亩），年增幅为 16.9%；2010 年全国土地供应总量达 43 万 hm^2（645 万亩），比 2006 年增长 83.8%①。我国耕地已从 1996 年的 1.3 亿 hm^2 减少到 2006 年的 1.218 亿 hm^2，已逼近 1.2 亿 hm^2 的红线。我国人均耕地仅 0.09hm^2，不及世界人均水平的 1/3，按照联合国粮农组织所确定的人均耕地 0.053hm^2 的警戒线，我国已有 666 个县低于此线，严重影响国家的粮食安全。

①刘守英 .2012. 双轨并行的城市化——问题与出路，国务院发展研究中心。

9.2.3 区域差异

从各省情况来看，区域差异很大，年均建设占用耕地数量最多的是山东省，达到 22 648hm^2，而建设占用耕地最少的是西藏自治区，年均只有 240hm^2，两者相差近百倍。总体看来，东部发达地区年均建设占用耕地数量远高于西部地区，相差十几到几十倍，尤其是江苏、山东、浙江 3 省的建设占用耕地数量就占到全国总量的 30.1%。以江苏为例，建设用地面积从 1997 年的 0.946 万 hm^2 扩大到 2009 年的 2.81 万 hm^2，增长率近 3 倍 [3]（图 9–2），而耕地面积由 1996 年的 506.2 万 hm^2 下降到 2009 年的 468.8 万 hm^2，减少了 37.4 万 hm^2。其中苏州市，从 1984 年到 2003 年近 20 年当中，城市面积平均每年以 20.47% 的增长速度扩大，即由 17 844hm^2 扩张到 90 892hm^2，净增 73 048hm^2，扩大了 3 倍多。31 种土壤（土属）中有 25 种受到不同程度的损失，有些趋于濒临灭绝 [4]。而常熟市城市面积 2001 年比 1966 年扩大了 36.4 倍 [5]。安徽省 2000 年全省耕地为 422.95 万 hm^2（6344.33 万亩），到 2013 年减少为 418.8 万 hm^2（6282.2 万亩）。14 年耕地净减少 4.15 万 hm^2（62.13 万亩）。人均耕地由 2000 年的 0.067hm^2（1.01 亩）减少到 2013 年的 0.06hm^2（0.91 亩）[6]。

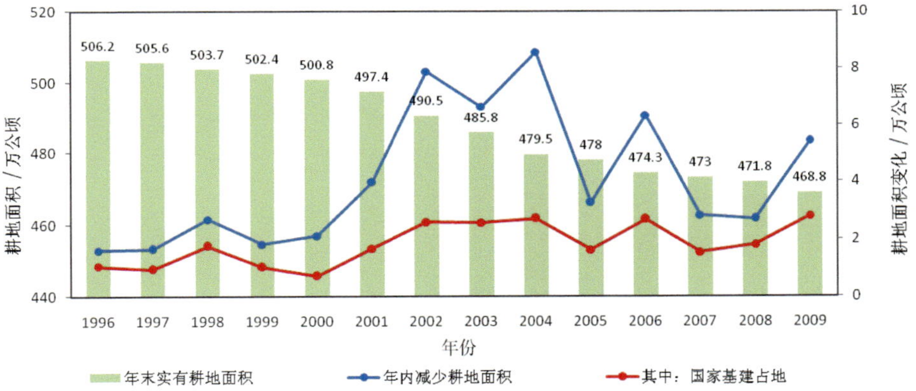

图 9–2 江苏省耕地面积减少的变化情况

1997~2005 年，全国灌溉水田和水浇地分别减少 93.13 万 hm^2 和 29.93 万 hm^2，而同期补充的耕地有排灌设施的比例不足 40%。现在耕地减少主要集中在灌溉设施、基础设施均较好的南方沿海地区，在那里城镇周围的优质耕地减少 2/5 左右，有的地方甚至超过 3/5。根据 1998~2006 年全国土地利用变更和全国耕地变化情况数据，对中国耕地资源的时空变化特征进行了分析。研究表明，1998~2006 年，耕地资源结构变化的区域分异明显。黄淮海平原、长江中下游平原以及东部和东南沿海这些水热条件好、优质耕地集中的区域，灌溉耕地面积减少，耕地生产力降低；除新疆和黑龙江耕地面积净增加外，全国其他地区耕地面积均呈下降趋势，耕地增加区域呈明显的西移趋势，由此而导致耕地的整体生态条件恶化；在京津塘、长江三角洲、珠江三角洲等经济发达的东部沿海地区，建设用地占用的大多是交通便利、土壤肥沃的优质耕地，其区位分布恰好和我国重要的粮食生产区域相重叠。虽然通过土地整理复垦开发补充了大量耕地，但新开垦的耕地多为偏远的丘陵山区贫瘠之地。因此，造成新开垦的耕地质量远低于被占用的耕地质量，由此引起了耕地质量下降和粮食生产能力损失[6]。

近年来国家实行严格的耕地保护政策，一方面严格保护耕地特别是基本农田，加大土地整理复垦开发补充耕地力度，力求实现耕地占补平衡目标，提高农业综合生产能力，保障国家粮食安全。另一方面按照建设资源节约型社会的要求，合理控制建设规模，节约集约用地，防止用地浪费，使耕地面积锐减的趋势有所减缓。尽管如此，我国耕地保护的形势依然严峻。

9.3 土壤侵蚀

土壤侵蚀（水土流失）是全球性的主要环境问题之一。不但导致土壤退化、土地生产力降低和耕地面积减少，直接影响农业生产的食品安全，而且随径流泥沙运移对异地生态环境带来严重影响。

9.3.1 土壤侵蚀现状

中国是世界上水土流失严重的国家之一。我国水土流失历史之久，面积之广，程度之烈，危害之深实属罕见。

根据第一次全国土壤侵蚀遥感调查[7]，我国水蚀和风蚀面积 294.9 万 km^2，占普查范围总面积的 31.12%。其中水力侵蚀面积 129.32 万 hm^2，风力侵蚀面积 165.59 万 hm^2。不论是山区、丘陵、风沙区，还是农村、城市、沿海地区都存在不同程度的水土流失问题。据统计，2000 年我国因水土流失而造成直接经济损失高达 642.6 亿元，相当于当年全国第一产业 GDP 的 4.0%，总 GDP 的 0.62%。水土流失已成为中国重大环境问题，对经济社会发展和人民生产、生活带来严重危害。

在土壤侵蚀影响的自然因子中，气候条件是决定土壤侵蚀量最重要因素。其中降雨是土壤侵蚀的驱动力量，降雨量及其强度直接决定土壤侵蚀的强度。气候因子很大程度上影响着植被的生长和覆盖状况，以及由此决定有机物质输入土壤的多寡。有机物质分解和土壤有机质的含量又直接影响土壤的可蚀性。地表覆盖可显著影响侵蚀状况，主要是防护雨滴的直接冲击。覆盖还会阻滞径流速度，植被对土壤水分的利用可降低土壤含水量，从而可增加土壤入渗并减少径流和径流速率、降低沟间侵蚀作用。地形是影响侵蚀的另一重要因素，坡地条件下侵蚀显著增加，因为此时不仅有沟间侵蚀，在径流作用下，细沟侵蚀成为主要过程。径流速度和搬运能力随坡度和坡长的增加迅速提高，可显著增加侵蚀量。

自然因子是一方面，另一方面是人为因子。我国有 5000 年文明史和悠久的农耕史，而且人口众多且增长快，加之，我国又是一个山地和丘陵面积大的国家，因而人为加速侵蚀已成为现代侵蚀过程中的主要原因。在我国范围内坡耕地水土流失面积占耕地总面积 34.3%，在西南地区占 52.53%，在黄土高原地区占 71.3%。黄河流域土壤侵蚀十分严重（图 9–3、图 9–4），长江流域其次（图 9–5、图 9–6、图 9–7），东北黑土地区在近百年开垦后水蚀面积也在扩大。据唐克丽等研究[8]，黄河多年平均年输沙量为 16 亿 t，为世界罕见。河流年均含沙量为 36kg/m^3，为世界河流年均含

图 9–3　千沟万壑的黄土高原，山西（李超　供图）

图 9-4　黄土高原侵蚀景观（朱显谟　摄）

图 9-5　花岗岩地区的沟状侵蚀，江西兴国（崔荣浩　史德明　摄）

图 9–6 红色黏土严重的片状侵蚀，江西泰和（崔荣浩 史德明 摄）

图 9–7 崩岗及淤泥，福建安溪（崔荣浩 史德明 摄）

沙量 0.35kg/m^3 的 100 倍。黄河的年输沙量约 4 亿 t 沉积在中、下游 800km 河段，成为高出地面数米的“悬河”，是世界上著名的地上河。长江流域的侵蚀强度及河流输沙量低于黄河。据 1985 年统计，长江流域水土流失面积 56.2 万 km^2，占流域面积的 31.2%，土壤侵蚀总量 24 亿 t，其中上游占总量的 67%，主要来自宜昌以上的长江上游地区。东北黑土地区也面临水土流失的威胁，一些地区黑土层每年流失 0.7~1.0 cm。

9.3.2 土壤侵蚀的趋势 [7,8]

历史上滥垦、滥伐掠夺式经营是我国水土流失加剧的根源，并一直延续下来。新中国成立后，我国水土流失（含风蚀）主要是 1958 年、1968 年、1978 年 3 个时期乱砍、乱伐、陡坡开荒、毁坏林木、草原开荒所造成的。据 20 世纪 80 年代统计，每年新增水土流失面积 150 万 km^2，年均丧失耕地 6.67 万 km^2。

20 世纪 90 年代以来，毁林、毁草开荒得到一定遏制，年水土流失面积已减少到每年新增 100 万 km^2，水土流失治理有明显进展。从全国历次土壤侵蚀遥感调查中可知，第一次水蚀面积为 179 万 km^2，第二次为 165 万 km^2，第三次为 129 万 km^2，其中强度以上的面积也由第一次的 38% 减至第二次 27%，第三次 21%。不管是水蚀面积，还是强度都有递减的趋势。但又有新的问题出现，主要是近年来矿床的开采，铁路、公路的建设和城市基本建设，因不注意水土保持而形成新的人为加速侵蚀，致大量弃土、弃渣输入河道，增加了河床泥沙淤积和环境污染。据 1995 年深圳水土流失现状调查，全市水土流失面积达 184.99km^2，其中开发区为 148.68km^2，占水土流失面积的 80.37%，其中因工程建设引起的水土流失面积占 88.53%。不仅流失面积大，而且强度大。

9.3.3 土壤侵蚀对土壤环境的影响 [9]

土壤侵蚀的影响可分为原位影响和异位影响。原位影响主要是针对被侵蚀土壤资源的生产力而言，异位影响则是由所产生的泥沙和径流导致。

1. 对土壤资源生产力的影响

包括耕层的丧失、土壤肥力下降、土壤有机质下降、植物有效水库容的下降、土壤热反射能力增加以及结壳和压实等。有学者对 8 个发展中国家土壤退化影响的经济作了评估，土壤退化的总损失占这些国家国民经济总产值的 1%~17%，大多数在 5%~10%。

图 9-8　泥沙淤塞文溪大桥，江西兴国（崔荣浩　史德明　摄）

图 9-9　泥沙淤塞河道变迁，江西兴国（崔荣浩　史德明　摄）

2. 河道淤积

这是土壤侵蚀的异位影响。侵蚀土壤在水力推动下进入各级河道和水体，在水力条件减弱时最终沉积下来，使河道淤塞（图 9-8、图 9-9）。20 世纪 50 年代，长江宜昌站的年输沙量为 4.9×10^8 t,70 年代平均为 5.1×10^8 t，80 年代实测达 6.8×10^8 t。素有“千湖之省”的湖北曾经有湖泊 1000 多个，后来仅剩 300 多个。20 世纪 60~90 年代，长江中下游地区被围垦的湖面约有 113.3km^2。围垦与淤积使长江中下游水面减少了 1.2×10^4 km^2，蓄水能力减少 3.6×10^{10} m^3。

3. 对环境的污染

水蚀的养分输出导致水体的富营养化。据统计，我国的湖泊贫营养型占 5.6%，中营养型占 44.4%，富营养型占 50%，根据山东南四湖、云南滇池、云南洱海以及上海淀山湖 4 个湖泊调查，通过农田径流输入湖泊的氮占湖泊总负荷的 7.0%~25.2%。紫色土区，是水土流失最严重的地区之一。紫色土泥沙流失的颗粒主要为 <0.02mm 的团聚体和 <0.002mm 的黏粒，而这部分颗粒中富集了相当数量的磷。在侵蚀过程中这些颗粒全部进入水体，促进水体富营养化。

矿区的水土流失将带来重金属污染。

9.4 土壤荒漠化

“荒漠化”是指干旱、半干旱地区，在自然和人为活动影响下造成的土壤退化。全球荒漠化土地中荒漠化草场占总面积的 92%。干旱地区荒漠化已经演变成全球性的环境问题之一，对人类生存和发展构成了严重威胁。

9.4.1 土壤荒漠化现状

中国是世界上荒漠化土壤面积较大、危害严重的国家之一。根据国家林业局“中国荒漠化和沙化状况公报”[10]，截至 2009 年底，我国荒漠化土地面积为 262.37 万 km^2，占全国土地总面积的 27.9%。其中风蚀荒漠化面积 183.20 万 km^2，占荒漠化土地总面积的 69.82%（图 9-10、图 9-11、图 9-12）；水蚀荒漠化面积 25.52 万 km^2，占 9.73%；冻融荒漠化土地面积 36.36 万 km^2，占 13.86%。这些荒漠化土地主要分布于西北和北部 18 个省（区）的 508 个县（旗）。据统计，在我国近几十年来土地荒漠化的面积中，因滥采、滥伐引起的占 28%，过度放牧占 20%，滥垦占 24%，垦殖后水系改变导致沙漠化的占 16%，工矿交通破坏植被导致沙化的占 9%，仅有少部分荒漠化是沙丘前

图 9-10 胡杨林地变成了沙漠，和田河中游 [11]

图 9-11 流沙入侵掩埋房屋，阿拉干 [11]

图 9–12　荒漠化留下的迹地，甘肃民勤（崔荣浩　摄）

移侵占邻近土地造成的沙化。

9.4.2 土壤荒漠化的变化

我国荒漠化的趋势呈整体得到遏制，与 2004 年相比，全国荒漠化土地减少 12 454km^2，年减少 2941km^2，其中风蚀荒漠化土地减少 7391km^2。我国荒漠化土地主要分布在新疆、内蒙古、西藏、甘肃、青海 5 省（自治区），面积分别为 107.12 万 km^2、60.77 万 km^2、43.27 万 km^2、19.21 万 km^2 和 49.14 万 km^2，5 省（自治区）荒漠化土地面积占全国荒漠化土地总面积的 95.48%；其余 13 省（自治区、直辖市）占 4.52%[10]。

9.4.3 土壤荒漠化的影响

荒漠化可产生严重的环境影响。除了使土地丧失生产力外，最明显的是形成沙尘，严重影响大气环境质量。据国家环保总局“沙尘暴研究”表明，2003 年 3 月 15 日至 17 日的沙尘天气过程，北京降尘量为 25g/m^2，按该市面积约为 1040km^2 计算，北京总降尘量为 2.6×10^4t；3 月 20 日沙尘过程降尘达到 29g/m^2，其总降尘量高达

3×10^4t。与我国北方天气相似，北京地区的沙尘天气 20 世纪 50~60 年代，平均每年沙尘暴和扬沙天气达 56 天，60 年代后期开始逐渐减少，至 90 年代后期年均发生日数已降至 5 天左右。但其后又急剧上升，2001 年北京沙尘天气 11 天，2002 年春天沙尘天气达到了 38 天。沙尘天气带来大量可吸入颗粒物与城市雾霾形成了影响大气质量的两大灾害。

9.5 土壤盐渍化

9.5.1 土壤盐渍化现状

土壤盐渍化指土壤因不恰当地利用使潜在盐渍化土壤中盐分趋向于表层积聚的过程（图 9–13、图 9–14）。土壤盐渍化通常是由于人为灌溉造成的土壤次生盐渍化，是土壤潜在盐渍化的表象化。土壤盐渍化的发生，从内因看，土壤具有积盐的趋势或已积盐在一定深度；从外因看，主要是因为农业灌溉不当。在中国，现代盐化过程造成的盐渍化土壤有 3600×10^4 hm^2，占全国可利用土地 4.88%。其中受盐渍化影响的耕地主要分布在黄淮海平原、东北平原西部、黄河河套地区、西北内陆地区，东部沿海地区也有小面积的分布，总面积达 920.94×10^4 hm^2，约占全国耕地总面积的 6.62%[12]。

图 9–13　内陆盐渍土，罗布泊（赵玉国　摄）

图 9–14　滨海盐渍土景观，辽宁盘锦（张洪伟　摄）

9.5.2 土壤盐渍化的区域变化

干旱与半干旱地区耕地的盐渍化主要是人为灌溉所致。通过灌溉工程措施和生物工程措施，黄淮海平原盐渍化土壤得到有效的控制。新疆、黄河河套地区的土壤盐渍化问题却依然存在。目前新疆、甘肃和宁夏三省（区）约 35% 的耕地、50% 的黄河河套地区的耕地受到土壤盐渍化的威胁。华北平原 20 世纪 50 年代末的盐渍化土地面积约 166 万 hm^2。在大力发展引黄灌溉，片面强调平原蓄水，盲目种稻的情况下，地下水位普遍升高，导致 60 年代盐渍化土地面积达 500 万 hm^2[13]，之后通过多年定点改良试验、推广，到 80 年代中期已大为减少。而黄河河套地区由于灌排严重失调，20 世纪 80 年代盐渍化土地面积比 50 年代每年增长 1%~3%。黄河三角洲成陆初期，土壤处于非盐化阶段，除沿海少数地块遭海水倒灌形成盐渍土外，其余皆为非盐渍化土壤。20 世纪 40~50 年代，这里还是一片“绿色的海洋”，以茂密的草甸草原为特征的生态系统基本保持平衡，森林覆盖率达 20%。50 年代初，国家在此建立了许多农场、牧场和林场。50 年代末，后来受“以粮为纲”的影响，不少牧场、林场又被垦为农田，天然林、草本植被被大量破坏，森林、草原面积迅速缩减。到 80 年代调查的时候，森林覆盖率由 50 年代的 20% 下降到 3.6%；草原由 $2.0 \times 10^5\ hm^2$ 下降到 $7 \times 10^4\ hm^2$，气候也开始变劣，如降水量减少、蒸发量增大、风沙危害加大。水盐运动失去平衡，盐分向地表聚集，导致了严重的次生盐渍化。有研究表明[13]，虽然 80

年代黄淮海平原综合治理工程使我国约 10 000km^2 的盐渍化土地转化为良田，但近年土壤次生盐渍化治理速度赶不上退化速度，仅 1991~2003 年盐渍化土壤又有所增加，仍需加大治理力度。

9.5.3 设施农业中的土壤盐渍化

在设施农业中的土壤次生盐渍化值得关注。由于受到封闭、灌溉、施肥等人为环境条件的影响，设施农业土壤次生盐渍化明显。初步统计，约有 40% 的设施土壤存在次生盐渍化，导致土壤板结现象严重，灌溉水不易下渗，影响和制约了作物的设施生产。研究结果表明，设施蔬菜土壤全盐含量最高可达到 4.5g/kg，是露天蔬菜产地的 3~4 倍。设施土壤次生盐渍化的盐分组成中，阳离子以钙为主，其含量约占阳离子总量的 60%~80%，阴离子以 NO_3^- 为主，含量占阴离子总量的 60%，且 NO_3^- 的含量随全盐量的增加而增加。

9.6 土壤养分贫瘠化

9.6.1 土壤养分估算

人类依靠土地供养，土地就必须为此不断消耗自身有限的物质储备，特别是作物所必需的营养元素，一旦供不应求，人类生存就会受到威胁。据鲁如坤粗略估算 [14]，我国土壤全氮（N）、全磷（P_2O_5）和全钾（K_2O）的总储量分别为 2250~4500kg/hm^2，2250~3375kg/hm^2 和 33 750~56 250kg/hm^2，即使这些养分全部对作物有效，在完全不施肥的情况下分别可能在 30~60 年、60~90 年和 380~650 年内消耗殆尽。但是，土壤养分不可能全部有效。根据已有资料估计，有效氮、磷、钾的消耗极限大约分别为 20~40 年、10~20 年和 80~130 年。因此，必须随时监测土壤养分变化，并有针对性地进行合理施肥。

9.6.2 土壤养分现状

据全国第二次土壤普查，全国有机质缺乏的耕地，旱地为 3.44 亿亩，水田为 6657 万亩；缺磷的耕地，水田为 29 975 万亩，旱地为 70 923 万亩；缺钾的耕地，水田约为 15 498 万亩，旱地为 11 990 万亩。东北黑土地区开垦年限已达 270 余年，也有近年才开垦的。黑土开垦后，一般肥力有所下降，表现在黑土层变薄，有机质、全氮、全磷含量均有所减少，土壤容重增大，田间持水量和孔隙度降低。

9.6.3 土壤养分变化的趋势

随着氮素化肥大量施用，有机肥料用量减少，而复种指数不断提高，作物产量大幅增加。缺磷的矛盾到20世纪70年代尖锐地表现出来，缺磷成了增产的限制因素。因此，出现了施用磷肥的高潮。自20世纪80年代，我国农田土壤磷已处于累积状态。由于我国钾肥资源十分有限，长期以来钾肥用量偏低，致使肥料用量比例不平衡。加之作物产量大幅增加，进入80年代以后我国土壤缺钾程度加剧，在一些地区土壤缺钾已成为农业生产进一步发展的限制因素。20世纪80年代，太湖地区农田钾素大量亏缺。中国科学院6个农业生态试验站中海伦、沈阳、长武和常熟站速效钾均呈下降的趋势[15]。目前各地都在不断补充，缺素状况有所改善。

在微量元素方面，中国南方和西南地区有占总土壤面积90%的土壤缺硼和钼；华北平原和黄土高原有占总土壤面积80%的土壤缺锌和钼；中国西北干旱地区有超过总土壤面积80%的土壤缺锌和锰。

9.7 土壤污染

9.7.1 土壤污染现状[16, 17]

受化学农业（化肥、农药、杀虫剂等使用）、乡镇企业的发展和城市化对农田的影响，大量污染物通过不同方式进入土壤。土壤中的污染物积累并超标，对土壤性状、环境和人类健康产生严重的影响（图9–15、图9–16）。目前正在开展全国土壤污染状况调查与防治专项、我国土壤环境保护宏观战略研究等工作。近年来，经济社会的快速发展给环境带来了巨大的压力，土壤受污染的报道越来越多。据1997年中国环境状况公报显示，我国有1000万hm^2耕地受到不同程度的污染（占当年耕地13 623万hm^2的7.34%）。全国利用污水灌溉的农田面积为361.8万hm^2，占全国总灌溉面积的7.3%，占全国地面水总灌溉面积的9.96%（1998年中国环境状况公报）。大气污染（以酸雨和氟污染为主）的农田面积约530万hm^2，固体废弃物堆放侵占农田和垃圾、污泥农用不当污染的农田面积90万hm^2（1993年中国环境状况公报）。又据2000年中国环境状况公报，经对30万hm^2基本农田保护区土壤有害重金属抽

图 9-15 矿山附近被污染的土壤（黄标 崔荣浩 摄）

图 9-16 工厂附近被污染的土壤（右图叶面上沾满降尘）（黄标 摄）

样检测，其中 3.6 万 hm^2 土壤重金属超标，超标率达 12.1%；经对 23 个省（区、市）的不完全统计，共发生农业环境污染事故 891 起，污染农田 4 万 hm^2，造成农畜产品损失 2489 万 kg，直接经济损失达 2.2 亿元。

据 2014 年环保部和国土资源部发布全国土壤污染状况公报[18]，全国土壤总的点位超标率为 16.1%，其中轻微、轻度、中度和重度污染点位比例分别为 11.2%、2.3%、1.5% 和 1.1%。从土地类型来看，耕地、林地、草地土壤点位超标率分别为 19.4%、10.0% 和 10.4%。从污染类型来看，以无机为主，超标率占全部超标点位的 82.8%。从污染物超标情况来看，镉、汞、砷、铜、铅、铬、锌、镍 8 种无机污染物点位超标率分别为 7.0%、1.6%、2.7%、2.1%、1.5%、1.1%、0.9% 和 4.8%。《全国土壤污染状况调查公报》是调查样点真实而表观的反映。之所以说它是真实的，因为它是从大约 630 万 km^2 实际调查面积中所取土壤样品分析结果所获得的结论；继之说它是表观的，因为它对于数据形成的原因缺乏必要的深度分析，因而对土壤环境质量现状的描述需要客观而理性的对待。事实上，在没有明显外源污染的情况下，我国耕地土壤环境质量的状况基本良好；如果能够合理地、科学地加以利用和管理，认真而有效地进行污染防治，尊重科学、尊重自然，关注耕地土壤的适宜性和规范化，将追求经济利益和切实保护土壤资源相统一，一定能够获得良好的回报[19]。

9.7.2 设施农业带来的污染

据研究[20]，近年来，我国设施蔬菜发展极其迅速，约占全国蔬菜种植面积的25%。由于设施蔬菜生产复种指数高、农用投入品投入量大、产地环境封闭，易造成污染物在土壤中积累及有效性增加，带来一系列生态环境问题。

我国目前设施蔬菜生产中存在的主要问题包括：①土壤中农药、剩余养分、重金属、酞酸酯、抗生素等污染物积累趋势较为明显，积累趋势比一般农田生态系统严重。农药在土壤中消解半衰期增大，积累明显，出现“假持久性”；土壤氮、磷积累异常强烈，产生次生盐渍化；土壤中农膜残留和酞酸酯积累严重，可高于地表的3~5倍；重金属随着种植年限增加，土壤积累明显；多种抗生素（主要是四环素类、喹诺酮类）在土壤中积累凸显。②这些污染物的环境与安全风险明显高于常规农田。主要表现在土壤农药残留积累及持久性增加，导致土壤生物学功能降低和蔬菜残留量增加；土壤氮、磷积累导致水体中养分和蔬菜中硝酸盐含量增加，环境风险增大；植物中酞酸酯积累的潜在健康风险加剧；土壤重金属积累及环境条件变化导致蔬菜重金属吸收增加；土壤抗生素积累对水体有明显影响。两方面的问题，对设施蔬菜生产系统的生态环境构成严重威胁，影响这一产业的可持续发展。

造成这些环境问题的直接原因主要是各种农用投入品质量低下、投入量过大、残留物处理不当等。而间接原因则贯穿于生产和管理的各个环节。在生产环节上，设施蔬菜规模经营不足、经营粗放、生产者环境保护意识较薄弱、污染控制技术落后甚至缺乏；在法律、法规、标准建立环节上，针对设施蔬菜生产的法律、法规缺失，环境质量标准不适应管理需求；在环境管理环节上，缺乏设施蔬菜生产与环境协调发展的规划、环境监管职责不明确、环境监管监测体系和机制缺失。

9.7.3 土壤污染的危害

土壤遭受污染后，除了降低自身质量和土地的生产能力之外，必然对大气质量、水质、生物和人体健康带来影响，从而妨害我国经济发展。

从污染物属性考虑，土壤污染包括有机物污染、无机物污染、生物污染和放射性物质污染。例如，农药大多为有机化合物，农药施入田间后，有效率仅占施用量的 10%~30%，而 20%~30% 进入大气和水体，50%~60% 残留于土壤[21]。有机氯农药具有化学性质稳定、高残留、在土壤中不易分解和高生物富集性等特点，可以通过食物链威胁人畜的健康。一些除草剂、杀菌剂和杀虫剂含有二噁英类化合物，其中一些化合物有致癌、致畸、致突变作用。农膜的大量使用带来了一定的土壤环境问题。残留的地膜碎片会破坏土壤结构，阻断土壤中的毛细管，影响水肥在土壤中的运移，妨碍作物根系发育生长，使农作物产量降低。在每公顷土地残留地膜 37.5kg 时，小麦可减产 7%；当农膜残留在 25kg/hm^2 时，茄子减产 29.5%[22]。残膜还影响农田耕作管理，使农田生态系统受到破坏。同时，增塑剂随农膜的使用而大量进入农田生态系统，使农田土壤和作物生长发育及产品品质受到影响。

无机污染物的影响以重金属和硝酸盐为例，早期曾有报道，全国每年受重金属污染的粮食多达 1200 万 t，因重金属污染而导致粮食减产高达 1000 多万 t，合计经济损失至少 200 亿元。对于土壤生物污染的危害，人们对寄生虫与健康的关系可能具有切身的体会与认识。例如，土壤是土源性蠕虫卵或幼虫生长发育过程中必需的一个环节，当施用含有虫卵的粪便后，土壤可传播蛔虫、钩虫和鞭虫等肠道寄生虫病。温室大棚内的蔬菜重茬复种指数的不断增大，导致土壤中有害生物污染日趋严重，尤其是根结线虫在土壤中的数量逐茬剧增，导致植物根系受害极为严重，造成黄瓜减产 20%~50%；这种污染会不断蔓延，逐渐加重，因而可使蔬菜发病率达到 90% 以上[23]，根结线虫已成为大棚蔬菜生产的重要限制因素；同时生物污染可直接导致农产品品质下降，危害人体健康。

随着核试验、核工业的迅速发展和放射性核素的广泛应用，排放到土壤中的含有放射性的废水、废渣等日益增多，从而构成了土壤的放射性沾污或污染。土壤放射性沾污或污染是指人类活动排放出的放射性污染物，使土壤放射性水平高于天然本底值或超过国家规定的标准，它和其他污染物一样给人类生存带来了影响。例如，粉煤灰作为土壤改良剂可促进生荒地土壤的熟化，对黏土可起到疏松的作用，对盐碱地有抑制泛盐作用，对酸性红壤有一定的改良作用。然而，当人们在利用其有益的方面时，亦将它的污染物质带进了土壤，其中包括放射性核素，粉煤灰场放射性核素的含量均比当地土壤要高。当粉煤灰施用量达 675t/hm^2 时，土壤中天然放射性核素 ^{226}Ra 和 ^{228}Ra 的比活度分别是对照的 3.56 倍和 2.60 倍[24]。磷肥和稀土肥料的施用也可能导致土壤中天然放射性元素的积累。

9.8 土壤酸化

土壤酸化是指在自然和人为条件下土壤 pH 下降过程。土壤酸化过程，是盐基阳离子淋失，使土壤交换性阳离子变成 H^+ 和 Al^{3+} 为主的过程。在湿润和常湿润土壤水分状况下，降雨量大于蒸发量时，土壤中发生淋溶过程，即土壤中的水带着可溶性物质向下迁移，或随地表径流流失。随着淋溶过程，土壤中碱性物质不断消耗，土壤逐渐向酸性方向变化。

在我国大致以北纬 33° 线为界，此线以北除一些森林土壤外，大部分土壤盐基饱和，且含有一定 $CaCO_3$，此线以南除母质影响外，大部分土壤盐基不饱和。我国酸性土壤主要集中在富铁土和铁铝土（红黄壤）地区，约占全国土壤的 1/4。

9.8.1 土壤酸化的原因 [9,25]

1. 酸沉降

酸沉降是指大气中酸性物质的自然沉降，包括干沉降和湿沉降。干沉降是指大气中的酸性物质在气流的作用下直接迁移到地面的过程；湿沉降通常指酸性物质随雨雪等而沉降到地面的过程。正常雨水 pH 为 7 左右。当大气受 SO_2 和 NO_x 等酸性气体污染时，雨水 pH 就会下降，形成酸雨（pH<5.6）。我国能源结构以燃煤为主，大气中 90% 的 SO_2 来自燃煤排放，NO_x 主要来自汽车尾气。近 30 年来，我国经济高速发展，酸沉降对土壤的影响加速，主要发生在我国南方酸性土壤地区。

2. 自然发生过程

包括富铁铝化过程、灰化过程、铁解过程和酸性硫酸盐土形成过程。

富铁铝化过程　主要是在高温多雨条件下矿物分解和盐基淋失的过程。

灰化过程　主要是有机酸对矿物的分解和对铁、铝的络合淋溶过程。

铁解过程　Brinkman（1970 年）提出的铁解过程（ferrolysis），即在还原条件下，土壤中形成的交换性亚铁使一部分交换性盐基金属离子被置换，当土壤变为好气时，交换性亚铁被氧化，土壤胶体一部分交换点被 H^+ 占据，从而降低 pH。土壤经过这样反复循环以后，可以酸化土壤。

酸性硫酸盐土形成过程　酸性硫酸盐土在淹水还原时，硫酸盐经还原反应而主要以 FeS 形态固定于土壤中；当土壤为好气时，FeS 氧化使土壤中的酸中和容量（ANC）永久性地减少，以致土壤极度酸化。

3. 生物地球化学循环

在生物地球化学循环过程中，元素的迁移过程往往导致土壤酸化发生。作物在吸收 K^+、Ca^{2+}、Mg^{2+} 等交换性阳离子时，一方面分泌 H^+，同时产生 Al^{3+}，从而导致土壤酸化。如茶叶在收获部分被移出土壤 - 生物系统以外时，土壤吸附性盐基随之被移去，从而被 H^+ 或 Al^{3+} 所代替而产生酸化。这一过程导致土壤中活性铝大增并加速土壤酸化。近年来对苏、浙、皖三省 202 个茶园土壤调查表明，pH<4.0 和 pH<3.5 的土样分别占总土样的 43.9% 和 8.0%。桑园、橡胶园也有此趋势。

4. 施肥和土壤管理

某些土壤管理措施，特别是施肥也是加速土壤酸化的一个重要原因。以农田为例，长期施用氮肥后，土壤中的 NH_4^+ 经硝化作用产生酸（1mol NH_4^+ 产生 2mol H^+）：

$$NH_4^+ + 2O_2 \rightarrow 2H^+ + NO_3^- + H_2O$$

从而降低土壤的 pH，增加土壤交换性酸。

5. 酸性废水

我国南方地区有大量金属矿，矿山开采、选矿和选矿过程中产生大量酸性废水，外排的酸性废水导致矿山周边土壤酸化。当用酸性废水灌溉农田时，会导致土壤严重酸化。

9.8.2 土壤酸化现状

1. 中国耕地

Guo 等 [26] 对中国耕地的一项系统研究表明，从 20 世纪 80 年代到 21 世纪初的 20 年左右时间里，中国主要粮食产区土壤 pH 显著降低。据估计，我国氮肥施用对农田酸化贡献的 H^+ 为 20~221kmol/($hm^2 \cdot a$)，远高于酸沉降对农田酸化的贡献。

2. 亚热带地区 [25]

亚热带地区 301 个红黄壤采样点 pH 由 20 世纪 80 年代 5.37（4.40~6.60）下降至近期 5.14（粮食作物 4.17~6.52）和 5.07（经济作物 3.93~6.44），土壤 pH 分别下降 0.23 和 0.30；近 20 年来，太湖地区 85% 左右的土壤发生酸化，土壤 pH 平均降幅 0.56；安徽广德调查发现，该县土壤平均 pH 由第二次土壤普查时 5.27 下降至 2006 年的 4.97，20 年下降了 0.3。

3. 热带土壤

我国海南岛地处热带地区，土壤普遍呈酸性，在利用过程中进一步酸化。研究表明，20 世纪 90 年代与 50 年代相比，全岛 pH 小于 5.0 的比例显著增加，而大于 5.0

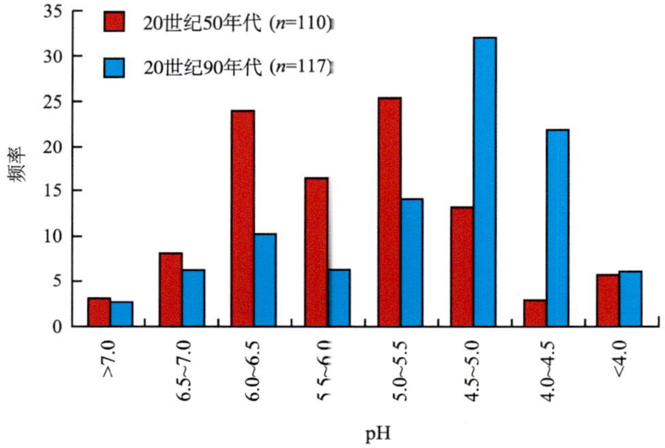

图 9–17　20 世纪 50 年代和 90 年代海南旱地土壤 pH 频率分布的比较 [27]

的比例显著下降（图 9–17）。

9.8.3 土壤酸化对环境和农业的影响

土壤表面化学性质影响土壤酸化除了导致 Ca、Mg、K 等营养性盐基阳离子大量淋失外，同时使土壤 pH 降低，土壤 CEC 也会下降。Al 和 Mn 对植物的毒害影响植物正常生长，其中铝毒是限制酸性土壤上植物生长的主要因素。铝主要通过抑制根系的生长和发育，导致作物减产。铝还干扰植物对 Ca、Mg、K、P 和 Fe 的吸收、运输和利用。

重金属活性增加导致其对植物毒性提高，使作物可食部分重金属含量增加，农产品质量下降，危害人类健康。其中蔬菜和大米中的 Cd、Pb 和 As 对人体健康的潜在危害较大。

土壤微生物生长和活动受到抑制从而影响土壤有机质的分解和土壤中 C、N、P、S 的循环。

土壤酸化主要发生于酸性土壤地区，在石灰性土壤上酸化作用有可能自然地被阻滞而影响不明显，土壤的自然酸化速率非常缓慢，而且富铁铝化程度提高，土壤中铁、铝氧化物对自然酸化反应有一定抑制作用。但是由于人为活动导致的酸沉降和大量施用铵态氮肥等农业措施加速了土壤酸化。土壤酸化导致作物减产、农产品品质下降，同时还造成生态环境的负面影响。因而，对已发生土壤酸化的地区，应采用有效措施，中和酸性以恢复土壤的生产力。

小 结

历史上，我国数千年来土壤肥力经久不衰，为世人所称道。但近百余年来，人口倍增对土壤的压力大增，人为作用的强度世所罕见。特别在经济快速发展的当代，由于重经济效益而轻生态效益，人地矛盾、发展与环境矛盾进一步加剧，使我国成为世界上土地退化严重的国家之一，从而成为直接影响国家生态安全、人居安全和粮食安全的重大问题。有学者曾指出："土壤的衰竭或消失，可能危及经济发展和政治稳定的程度更甚于石油储量的减少，但对土壤的衰竭和消失远没有得到对石油衰竭同样的重视"。石油可以进口，也可以有取代能源，而土壤能进出口吗？有什么能替代土壤供养地球人呢？幸而，我国从历史的经验和现实的教训意识到问题的严重性和迫切性，并已采取切实措施，特别是退耕还林、还牧以及建设旱涝保收的高标准基本农田和其他一些土壤保育措施，土壤退化的局面已经或正在好转。当然这仅仅是一个新的历史时期的开始，还有一段很长的路要走。

面对诸多的土壤退化问题，我们认为应做到以下几点：

防重于治　破坏容易，建设难。土壤一旦流失或被污染，恢复难度大。因此，必须强调防重于治。

图 9-18　昔日童山濯濯侵蚀红土，今日山清水秀林木丰茂（崔荣浩　摄）

图 9–19　沟壑纵横的黄土高原，综合治理换新貌（崔荣浩　摄）

图 9–20　昔日荒沙遍野，今日治理初见成效 (崔荣浩　摄)

因地制宜　造成土壤退化的原因，各个地区各不相同，应针对其不同的成因，因地制宜地采取措施，才能事半功倍。

综合治理　土壤随着成土条件的改变而改变。正因为如此，只有综合治理才能奏效。以前所提的“山、水、田、林、路”综合治理的理念，至今并未失去其应有的价值。朱显谟对治理黄土高原的28字方略——“全部降水就地入渗拦蓄；米粮下川上塬，果林下沟上岔、草灌上坡下坬”[28]，也是综合治理方针的体现。现在已经有越来越多的成功事例（图9–18、图9–19、图9–20、图9–21）。特别是南方山地水土保持、黄土高原和荒漠化治理方面取得了很大成绩。

图9–21　旱作农区的“砂田”，甘肃兰州（崔荣浩　摄）

总之，土壤所面临的问题，不只是一个技术问题，必须从理念、文化、法律、法规和政策诸方面进行长期艰苦的努力，才能从根本上走上可持续发展的道路。

参考文献

[1] 周立三 . 中国农业地理 . 北京 : 科学出版社 , 2007

[2] 龚子同 , 张甘霖 . 人为土壤形成过程及其在现代土壤学上的意义 . 生态环境 , 2003, 12(2): 184–191

[3] 黄标 . 中国土系志——江苏卷 . 北京 : 科学出版社 , 2016.（出版中）

[4] Chen J. Repid urbanization in China: a real challenge to soil protection and food security. Catena, 2007, 69: 1–15

[5] 史学正 , 张定祥 , 潘贤章 . 近 35 年来苏南典型地区城镇扩展动态研究 : 以 1966—2001 年常熟市为例 . 土壤学报 , 2002, 39(6): 780–787

[6] 徐国健 . 把饭碗牢牢端在自己手上 . 五色土 , 2014, (17): 33–34. http: //www.issas.ac.cn

[7] 中华人民共和国水利部 . 第一次全国水利普查水土保持情况公报 . 北京 , 2013

[8] 唐克丽 , 史立人 , 史德明 , 等 . 中国水土保持 . 北京 : 科学出版社 , 2004

[9] 陈怀满 , 等 . 环境土壤学 . 2 版 . 北京 : 科学出版社 , 2010: 336–343

[10] 国家林业局 . 中国荒漠化和沙化状况公报 . 北京 , 2011

[11] 中国科学院塔克拉玛干沙漠综合考察队 . 塔克拉玛干地区土壤和土地资源 . 北京 : 科学出版社 , 1994

[12] 杨劲松 . 盐渍土科学发展现状与展望 // 中国土壤学会 . 土壤学学科发展规划报告 . 北京 : 中国科学技术出版社 , 2011: 182

[13] 王遵亲 , 等 . 中国盐渍土 . 北京 : 科学出版社 , 1993

[14] 鲁如坤 . 人类生产活动和土壤肥力——试论我国土壤养分贫瘠化威胁 // 中国科学院南京土壤研究所 . 我国土壤资源利用及其变化文集 , 1988

[15] 石元亮 , 王玲莉 . 土壤肥力与肥料科学发展现状与展望 // 中国土壤学会 . 土壤学学科发展规划报告 . 北京 : 中国科学技术出版社 , 2011: 94–95

[16] 骆永明 , 滕应 . 我国土壤污染退化状况及防治对策 . 土壤 , 2006, 38(5): 505–508

[17] 骆永明 . 中国主要土壤环境问题与对策 . 南京 : 河海大学出版社 , 2008

[18] 中华人民共和国环境保护部和国土资源部 . 全国土壤污染状况调查公报 . 扬子晚报 , 2014–4–18(A2 版)

[19] 王玉军 , 刘存 , 周东美 , 等 . 客观地看待我国耕地土壤环境质量的现状 : 关于《全国土壤污染状况调查公报》中有关问题的讨论和建议 . 农业环境科学学报 , 2014, 33(8): 1465–1473

[20] Yang L Q, Huang B, Hu W, et al. Assessment and source identification of trace metals in soils of greenhouse vegetable production in eastern China. Ecotoxicology and Environment Safety, 2013, 97: 204–209

[21] 林玉锁 , 龚瑞忠 , 朱忠林 . 农药与生态环境保护 . 北京 : 化学工业出版社 , 2000

[22] 赵素荣 , 张书荣 , 徐霞 , 等 . 农膜残留污染研究 . 农业环境与发展 , 1998, 15(3): 7–10

[23] 谢德燕 , 刘奇志 , 王建魁 , 等 . 根结线虫污染的温室番茄土壤修复——土壤修复剂稀释倍数筛选 . 中国农学通报 , 2008, 24(10): 457–461

[24] 杨俊诚 , 朱永懿 , 陈景坚 , 等 . 粉煤灰的农业利用及其环境放射性污染评价 . 核农学报 , 1999, 13(5): 299–304

[25] 徐仁扣 , 等 . 酸化红壤的修复原理与技术 . 北京 : 科学出版社 , 2013

[26] Guo J H, Liu X J, Zang Y, et al. Significant acidification in major Chinese croplands. Science, 2010, 327: 1008–1010

[27] Gong Z T, Zhang G L, Zhao W J, et al. Land use related Changes in soils of Hainan island during the past half centary. Pedosphere, 2003, 13(1): 11–22

[28] 朱显谟 . 试论我国水土保持工作中的实践与理论问题——对当前水土保持工作中一些重大问题的见解 . 水土保持通报 , 1993, 13(1): 1–6

第10章 我们的土壤梦

人与土壤的关系是人类生存与可持续发展的基本关系之一。如何摆正人在自然界中的位置，正确处理人与土壤资源利用、经济发展和环境保护的关系，关乎土壤开发利用的前景和人民的福祉。根据长期从事土壤研究的看法、反思和感悟，我们把土壤资源－人为活动－人土关系－区域发展视为一个整体，以土壤－自然环境－经济社会复合系统为对象，可持续发展为目标，土壤理念－土壤文化－人类自身的行为为脉络，概括成“土壤梦”。土壤梦不仅仅是土壤专业工作者美好的憧憬和追求，它与实现中华民族伟大复兴的“中国梦”会合在一起，将会成为今后地球人共同的追求和梦想。

10.1 土壤科学为我国国民经济作新贡献

10.1.1 土壤学应有更大作为

著名科学家、画家列奥纳多·达·芬奇在500多年前曾指出：“我们对自己脚下土壤的了解，远不及对浩瀚的天体运动了解得多”。5个多世纪过去了，人们对宇宙的了解已有了长足的进步，土壤学虽然也取得了进展，恐怕至今对自己脚下土壤的了解也许还是不够吧！

1. 发生学观点

随着测试手段的进步，人们对土壤各分支的研究越来越深入，但对于土壤学的整体理解反而变得淡薄起来。如果利用新方法和新手段获得的结果没有土壤学意义，那就不可能被其他学科所承认。这样就会出现“从事土壤的人越来越多，而懂得土壤的人越来越少”。130多年前道库恰耶夫就指出：“土壤不是一堆化学物质，而是随成土因素变化的历史自然体”[1]。因此，不能仅以土壤作为一个实验样品，而应该用发生学的观点、生态学的观点和系统论的观点研究土壤，并联系当前的社会实践，土壤学才能为国民经济作出应有的贡献。1938年马特森（S. Mattson）提出“土壤圈”概念[2]，土壤圈成为自然界5大圈层之一。土壤不仅受诸圈层影响，而且对周围的圈层产生影响。但土壤圈与其他圈层之间的关系，如土壤圈与生物圈、土壤圈与大气圈、土壤圈与岩石圈、土壤圈与水圈之间的物质和能量交换有待进一步研究。只有这样，土壤圈的概念才能在理论上深化和实践上有所作为。目前这方面研究工作才刚刚开始，还有许多艰苦的工作要做。21世纪初，美国国家科学基金会（NSF）在研讨地球科学前沿领域时提出了“地球关键带”（the Earth’s Critical Zone）的概念，“关键带”是从植被冠层顶部到岩石圈或者地下水之间的连续体，其核心是土壤圈（图10–1）。“关键带”之所以关键，是因其提供了多样的生态系统功能，也是人类生存和发展的基础。对于关键带研究，必须弄清楚土壤圈内在的变化，如果仅仅把土壤圈当做一个暗箱，那么“关键带”研究是难以深入的。

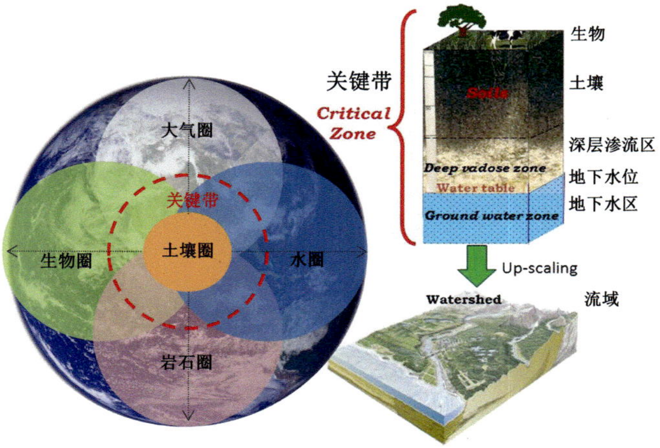

图10–1 地球关键带（the Earth’s Critical Zone）的概念[3]

2. 从实际出发

根据基础研究和应用基础研究的有关论述，土壤学和数、理、化一样，有基础学科的特点，例如土壤发生过程和土壤系统分类都是基础研究。对于农学、生态科学和环境科学而言，具有应用基础科学的特点。因此，土壤学又是一门应用基础学科。土壤学历史上重大的成就无一不是理论与实践相结合的产物。不说土壤学历史上B. B. 道库恰耶夫[1]，J. V. 李比希[4]，H. S. 汤普森和J. T. 韦[5]以及H. 黑尔里格尔和H. 惠尔法斯等[6,7]的四大成就；或是20世纪50年代获国家发明特等奖的“橡胶北移”中橡胶施肥的研究[8]，还是20世纪60年代被誉为农业上“两弹一星”治理华北平原次生盐渍化的成就[9]，都是土壤学发展史上理论与实践相结合的典范。必须强调，土壤学在学科属性方面虽然为基础和应用基础研究，然而，由于它的地位和作用，又必须注重解决国计民生中的重大问题。“我们从解决生产中的实际问题着手，又从生产中发现问题，提出新课题，土壤科学就是这样不断推进的”[8]。一位资深的研究员，在纪念李庆逵100周年诞辰撰文指出：“要学习李庆逵等老一辈科学家，不能只在象牙塔里用计算机种田、写论文，要深入到农村第一线去，为农业生产实践服务。把我们的专业知识、科研成果运用到生产实践中去。”当然，高水平的论文是需要的，但理论要经受实践的检验。

3. 任重道远

每一门学科必须有自己的理论基础和研究方法。同时，土壤科学必须向其他学科证明其价值，并保持它的特性。它必须对相关学科的发展有所贡献。如果失去了学科的特点，随波逐流，不但不能解决国民经济中的问题，而且会失去其应有的价值。

土壤学未来的成功，不仅是依靠技术的进步，更重要的是依赖土壤基本概念的拓展和应用模式的改变[10]。土壤学必须发展它的定义和内涵，当今世界生态环境问题突显，土壤学必须超越传统的农业范畴，更加紧密地与生态和环境科学交叉和渗透。面临航天时代，应该把土壤延伸到星际土壤的研究中（图 10–2）。在全球信息网络时代，应用更多的信息技术（数字化、网络化等）加速土壤学的发展。

图 10–2 星际土壤调查模拟

该图是美国国家科学基金会在20世纪90年代中期组织编写的《基础土壤科学研究的契机》（*Opportunities in Basic Soil Science*）一书所采用的封面，形象地描述人类未来将涉足并调查地外天体的土壤

当然，对土壤学中的一些基础理论问题应继续深入探索，如土壤的时空变化，包括定期的土壤监测与普查、土系调查、数字化土壤制图；土壤的物理、化学和生物学，特别是生物学过程；土壤肥力的演变规律和趋势等。

进入新世纪以来，土壤学已逐步明确其战略目标，如土壤资源与管理、土壤肥力与调控、土壤环境与健康、土壤生物与食品安全等；有望在土壤地力提升的理论与技术体系、农田土壤氮素高效利用和综合管理、土壤定量化分类与数字化管理几方面有重大突破；同时在土壤资源信息实时采集和定量化表征、土壤–生物系统功能的应用、土壤界面化学、新肥料创制与精准施肥技术、农田污染控制与场地修复等方面将有新的进展。

李约瑟（Needham）在《中国科技史》中曾说道："土壤学连同生态学好像起源于中国"[11]。20 世纪 30 年代开始了我国近代土壤学的研究，在前地质调查所内成立了土壤研究室；1945 年成立了中国土壤学会。目前我国土壤科学已有较大的发展，已经建立了包含土壤地理、土壤物理、土壤化学、土壤生物和土壤环境保护等学科分支在内的较完整学科体系，先后出版了一系列有影响的专著，中国土壤学会会员已超过 1.8 万人。当前正处于深化改革创新阶段，初步建立了中国特色的土壤学理论体系，相信今后必将有更大的发展。

10.1.2 合理施肥，提高作物产量[4]

李比希创立的无机营养学说（即矿质营养理论），大大促进了化肥工业的发展，引发了一场农业革命。由于化肥的施用，打破了有机肥的封闭循环系统，给这个系统添加了正能量，使粮食产量有了大幅提升。数千年来中华民族靠着有机肥维持土壤肥力而得以生存和繁衍，但另一方面有机肥从施入土壤到庄稼成熟被收割运走，再到变成厩肥归还土壤这样一个循环过程，是一个生物小循环系统，没有额外的能量加入，所以粮食产量提高得很慢。从公元前 206 年的西汉时期起，直到 1911 年的清代共 2100 多年，水稻亩产从 40.2kg 增加到 195.3kg，平均 13.6 年才增加 1kg，每年增加 0.074kg，而小麦亩产增加得更慢，从 60.3kg 增加到 97.7kg，平均 56.6 年才增加 1kg，每年只增加 0.018kg，如果按照这样的增速，怎能养得活 13 亿人口？

旧中国几乎没有化肥工业，1949 年只有永利宁厂（南化公司前身）生产的 2 万多吨硫酸铔（即硫酸铵），折合 0.6 万 t 氮，磷、钾肥是空白的，到 1955 年才有第一家磷肥厂投产，产品是过磷酸钙，年产量约折合 1000t P_2O_5，到 1982 年才有了盐湖钾肥产品，年产 24 000t K_2O。此后氮、磷、钾的生产和施用驶入了快车道，

表 10-1 新中国成立后我国各有关年度粮食产量和化肥用量*

年份	粮食总产/万 t	单产/(kg/亩)	其中		化肥施用量（折纯）/万 t			
			水稻/(kg/亩)	小麦/(kg/亩)	N	P	K	总量
1949	11 320	68.5	126.0	43.0	0.6			0.6
1952	16 390	88.0	161.0	49.0	3.9			3.9
1962	16 000	87.5	156.0	46.0	33.8	12.6		46.8
1970	24 000	134.0	226.0	76.5	152.3	90.7	0.5	243.5
1980	31 820	182.0	275.0	125.0	934.2	273.3	34.9	1269.4
1990	44 620	265.0	387.0	215.0	1637.7	462.4	147.0	2590.3
2000	46 220	284.1	418.1	249.2	2161.6	690.5	376.6	4146.3
2009	54 650	331.6	439.0	315.9	2329.9	797.7	564.3	5404.4

* 孙秀廷根据《中国农业年鉴》

粮食单产和总产均有了大幅度提升。从表 10–1 可以看出，粮食总产量由 1949 年的 11 320 万 t 到 2009 年增至 54 650 万 t，60 年增长了 3.8 倍，平均每年增加 722 万 t，水稻单产由 126kg 增加到 439kg，小麦单产由 43kg 增至 315.9kg，平均每年增 5.2kg 水稻和 4.5kg 小麦，这主要与氮、磷、钾等化肥的推广应用是分不开的。1978 年我国化肥总用量为 448 万 t，到 2013 年增至 5912 万 t，同期的粮食总产则由 3 亿多 t 提高到 6 亿多 t。诚然，作物产量的高低受诸多因子的影响，如作物品种的改良，水利建设、病虫害防治、田间管理和栽培技术的改进等，但化肥（包括 N、P、K 甚至微量元素）的施用起着不可替代的重要作用，特别是在 20 世纪 70 年代后期的一段时间。

从图 10–3 可以看出，粮食产量与化肥施用量之间呈极显著正相关。根据国务院农研中心的统计分析，化肥在农业增产中的作用（贡献率）占 33.6%。化肥具有养分含量高、使用方便、增产效果快的特点，受到广大农民的青睐，使用量不断攀升。2013 年，我国化肥用量跃居世界第一位，相当于美国和印度的总和，是欧盟的 2.5 倍，形成了过度依赖化肥的局面。当化肥用量超出作物需要时，不但不增产，反而可能减产，不但浪费资源，还可能污染地下水和地表水体、加剧空气污染、造成温室效应、生态系统生物多样性降低和影响土壤酸度等理化性质。应推进化肥施用提质减量，协调作物生产与实现生态环境双赢的化肥管理措施。

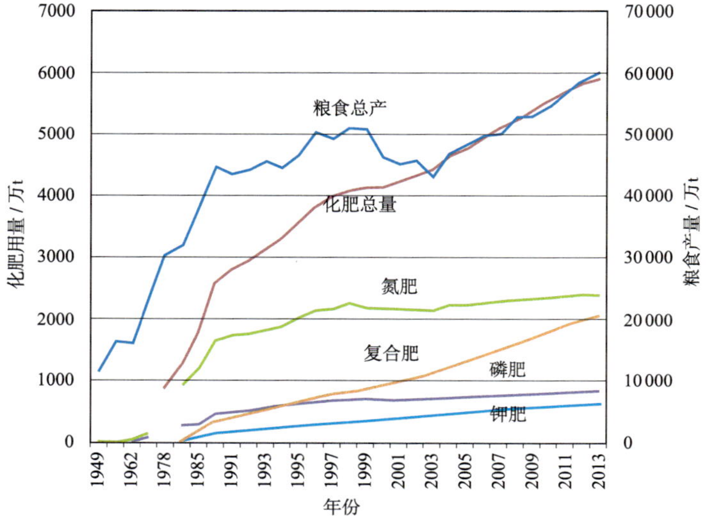

图 10-3 粮食产量与化肥施用量的关系（颜晓元）

1. 优化氮肥施肥方式，研制和推广氮肥深施机械化

科学合理的氮肥施用主要是根据作物不同生长阶段的氮肥需求特性，选取合适的氮肥类型和施用时间。如水稻喜铵态氮肥、小麦等旱耕作物喜硝态氮肥。施肥时间要减少农作物生长前期基肥的施用比例，增大开花、灌浆等生长后期氮肥施用比例和次数。采用氮肥深施技术，把氮肥施在易被作物根系吸收利用的位置，可提高氮肥利用率。当前我国化肥机械化深施面积有限，缺乏经济可行的设备。要快研制、推广肥料深施、机械追肥和种肥同播等机械设备。

2. 不同肥料的合理配合

研究表明，仅仅依靠氮肥，作物难以持续增产，只有氮、磷、钾乃至微肥的合理配合，养分平衡，才是稳定提高产量、提高化肥肥效、保持或提高土壤肥力水平的有效途径，也是提高农产品品质的重要保证。发达国家 N ： P_2O_5 ： K_2O=1 ： 0.55 ： 0.49，而我国 1990 年只有 1 ： 0.28 ： 0.09；2009 年达到 1 ： 0.34 ： 0.24，表明目前我国的氮、磷、钾肥结构比例仍不甚合理。如欲达到发达国家的水平，在保持原有氮肥水平的基础上，磷肥要达到 1280 万 t（P_2O_5），钾肥要达到 1140 万 t（K_2O），还有很长一段路要走。

20 世纪 70 年代以来，我国微肥在农业上的应用有较大发展。据土壤普查资料，1993 年我国微肥施用面积已达 $1690 \times 10^4 hm^2$，在农业生产上起了较大作用。今后要特别注意微肥施用的有效条件和微肥施用中的环境保护问题。

3. 有机肥 – 无机肥配合施用

据有关资料，在 20 世纪 80 年代以前，化肥提供的 N、P_2O_5、K_2O 分别占 61%、43% 和 6%，而有机肥提供的 N、P_2O_5、K_2O 分别占 39%、57% 和 94%。目

前化学磷、钾肥的比例虽已有显著提高，但钾肥仍然亏缺，有机肥仍是钾素的主要来源。若每亩施用 100kg 稻草，可望弥补一半钾肥的不足，还能为土壤提供一定量的有机质。

李比希曾赞扬我国有栽培绿肥和施用有机肥的传统，黑尔里格尔和惠尔法斯“豆科植物根瘤菌共生固氮”的提出已有 120 多年的历史。然而在目前我国的农业实践中，虽然有机肥资源相当丰富，但其利用率不高，许多秸秆被焚烧，许多人、畜、禽粪尿被弃置，一些禽畜场的粪便处理系统尚较落后。因此，应倡导有机肥、无机肥配合使用，一是作物秸秆通过各种形式全部还田；二是通过政策鼓励各类经营主体积造农家肥；三是适当开拓田边、水上绿肥的种植和施用。

4. 实行“测土配方施肥”

在李比希“归还学说”的理论基础上，20 世纪后半叶国内外农业化学家提出了不少有关合理施肥的观点，其中较为公认的是所谓“平衡施肥”原则。近些年来我国广泛推行的“测土配方施肥”，实际上与“平衡施肥”含义基本上是相近的。在我国当代条件下，我们理解科学配方施肥的原则应该是，既要满足作物高产对养分的需求，又要低耗而高效；既要利用土壤的生产潜力，又能尽量维持土壤养分平衡，有利于农业和环境的可持续发展。

为了科学合理地平衡施肥，首先必须测土，了解土壤能向作物提供多少养分，以便以土定产，以产定肥；但光靠测土还不够，还必须根据不同作物的需肥特性，以及作物对肥料的吸收利用效率，以便按作物的需肥比例和数量进行合理配方。因为不仅不同土壤的养分水平不同，而且不同作物对不同养分的需求量不同，对不同养分的利用效率也各异。也就是说，测土配方施肥是根据作物需肥规律、产量指标、土壤供肥性能和肥料效应所反映的规律，在合理施用有机肥的基础上，按“最佳施肥”原则，拟定出氮、磷、钾及微肥等肥料用量、施肥时期和施用方法，这是科学施肥的最佳方法。目前不仅应继续推进这项配方施肥技术，还应不断完善各项施肥技术参数和管理措施，提高化肥施用效益；并创新服务机制，实现主要土壤类型、主要农作物测土配方施肥全覆盖，把配方施肥技术推向更高水平。

5. 加强新型肥料研发

围绕着国家“稳粮增收调结构，提质增效转方式”的战略部署，应加强高效复合（混）肥、缓控释肥、无公害有机肥等高效新型肥料的研制，这是提高肥料利用率、促进作物高产优质的举措，也是推动肥料产业转型升级的现实需要。而及早开发非水溶性钾矿资源是解决我国钾肥资源不足的一项战略目标。

10.1.3 防治土壤污染，确保食品安全

1. 防治土壤污染的紧迫性

土壤污染的特点具隐蔽性、长期性和不可逆性、后果的严重性、修复的艰难性。一般对空气污染，特别是对 $PM_{2.5}$ 升高造成的雾霾天气人们十分警惕。对于水污染也非常重视，但对于土壤污染常被人忽视。实际上，作为食物——我们每天赖以生存的蔬菜、水果和粮食的源头，若土壤污染了，食品就不可能安全。环保部和国土资源部 2014 年 4 月 17 日联合发布全国土壤污染状况调查结果显示，全国土壤环境状况总体不容乐观，部分地区污染较重，耕地土壤环境质量堪忧，工矿业废弃地土壤环境问题突出[12–14]。

首先，土壤污染范围在扩大。例如我国每年因采矿破坏与污染的土壤以几万公顷的速度增加。其次，土壤污染物种类在增加。有的地区在 1990~2002 年的 12 年内土壤中镉、砷、铜、氟、锌等元素明显积累。有的地区同时同地发现 16 种多环芳烃、100 多种多氯联苯及 10 余种二噁英类剧毒物质，土壤中的污染物正从一般污染物转向微量持久性毒害污染物。第三，出现复合和混合型污染物。尤其在城镇化的今天，全国几乎所有大中城市正面临化工、冶金、石化、制药、废旧物资回收加工等重污染行业的关闭和搬迁问题。据不完全统计，至 2008 年，在北京、上海、江苏、浙江、辽宁、广东、重庆等地已搬迁数千家污染企业，已置换数十万亩工业用地。这些搬迁企业遗留场地存在着重金属污染、挥发性和持久性有机污染物等严重污染。与欧美等发达国家相比，我国企业场地土壤复合污染或混合污染问题更为严重。城镇化过程的“设施农业”成了当地居民的主要蔬菜生产基地，“设施农业”条件下出现了新的污染问题，除重金属污染外，土壤以硝酸盐为主的次生盐渍化、塑料薄膜分解产物酞酸酯等。在我国南方大米镉污染事件时有报道的今天，我们应吸取 60 多年前日本痛痛病和美国拉夫运河事件的教训，进一步加强对土壤环境的整治，让人们称之为“土壤污染猛于虎”的说法成为过去。

2. 制订土壤环境质量评估标准[15,16]

从总体上看，土壤环境质量可分为 3 种状况，即背景状况、外来物的侵袭、累积（沾污）状况和污染状况。在现实生活中，如何判断土壤污染，各国根据各自的情况，制订了各自的环境质量标准。中国土壤类型十分复杂，各种土壤类型之间在性质上存在较大差异。现行的《土壤环境质量标准》（GB 15618—1995）不能适应实际需要，这是由于标准中项目少，仅 8 种重金属和 2 种有机氯（HCH 和 DDT）；一些重金属标准的定值存在过度保护和保护不足的问题，缺乏普遍适用性。因而制订合适且具有法律效力的土壤环境质量标准系列或系列标准，应是土壤科学家将自身研究成果

向政府决策和公众决策转化的重要内容，也是土壤质量与环境质量紧密联系的重要环节。

研究认为[16]，土壤环境质量的保护可以从简单地依靠质量标准，过渡到污染物负载容量乃至以食物安全风险为依据的新模式。它在土壤环境质量管理、环境损害赔偿、负载容量的有偿使用以及环境保护责任主体的认定等方面具有良好的操作性，对土壤可持续利用，坚守18亿亩耕地红线和保障粮食安全具有重要意义。

3. 土壤环境污染与修复机制的研究[12,13]

主要研究我国不同区域和不同利用方式下土壤污染的时空分布规律、成因、态势及其影响；土壤污染界面反应、传输、迁移和分配过程；污染物在土壤胶体－溶液－生物界面的形态及分布、跨膜运输及亚细胞分配过程；根圈土壤中土壤组分－生物－污染物的交互作用机制；污染物之间及其与营养元素之间的相互机制；土壤重金属污染物的植物修复机制；土壤有机毒物的根际微生物代谢过程、多过程协同降解及生物修复机制。揭示我国土壤污染的分布规律、成因及危害，阐明污染土壤修复与调控机制，为土壤污染预防、控制与修复提供科学依据。

4. 改善土壤环境监测技术与设备

“工欲善其事，必先利其器”，研究土壤污染化学、生物与生态监测方法、技术与设备，原位土壤固、液、气相监测技术与设备，在线与联网监测技术与设备，土壤环境电化仪和生物传感器监测技术与设备等。建立我国土壤环境监测方法、技术与设备体系。建设支持平台，提升土壤环境监测能力。

5. 加强土壤环境法制建设

土壤环境法制建设是我国土壤污染防治的前提和基础。只有恢复青山绿水，才能创造蓝天、碧水、净土的人类生存环境。要坚定不移地全面实施“土十条”、“水十条”、《中华人民共和国土壤污染防治法（二审稿草案）》，加快土壤环境建设，严格执行“有法必依、违法必究”、“零容忍”的奖惩措施。创造蓝天、碧水、净土的人类生存环境。

10.2 保护土壤，建立新型城乡一体化生态系统

城市化（urbanization）是人类社会发展的必然趋势和经济技术进步的必然产物。其主要表现在农业人口向城市迁移，由分散的乡村居住向城镇集中。工业革命以来，城市化进程在世界范围内方兴未艾。20世纪初，全球只有1.6亿城市人口，目前世

界城市人口达 32 亿，100 年左右增加了近 20 倍。估计到 2025 年，将有 2/3 的世界人口生活在不同规模的城市中。目前世界城市化水平为 53%。中国城镇化的道路与西方国家不同，用几十年时间就走完了西方发达国家 200 年的路，这很不容易。但由于工业发展速度滞后，大量进城务工的青壮劳动力还未市民化，农村只剩下老人种地，造成城乡二元结构尚未根本改变，城乡、区域发展不平衡，不协调，不可持续问题突出。目前我国城镇率达 53.7% 左右，已进入城镇化快速发展时期。

城镇化对土地资源的影响主要通过地表封闭，导致土壤永久失去原有功能，特别是保水持水功能丧失，容易造成城市内涝（图 10–4）；城市生活、工业活动加重周边农地污染负荷，土壤环境压力增大；化肥、农药不恰当的使用，使土壤生产功能退化。

图 10–4 地面封闭城市内涝积水（杨金玲 摄）

10.2.1 控制城镇用地 [17]

根据土地利用变更调查，2006 年全国耕地 12 177.59 万 hm^2（18.27 亿亩），10 年净减少 1.24 亿亩，每年净减少 1240 万亩。人均耕地由 1996 年的 1.59 亩，降为 2006 年的 1.39 亩，不足世界平均水平的 1/3。

美国、加拿大等国地多人少，他们的郊区普遍为城市化模式，农田占用和资源消耗较多；日本和瑞士地少人多，他们千方百计提高土地的集约度，走立体化、高密度、紧凑式发展道路，使城市化过程降低耕地占有率；我国人多地少，资源紧缺，降低耕地的占有率显得特别重要。但实际上我国土地粗放利用程度相当严重①。目前我国人均城镇建设用地为 130m^2，超过了经济发达国家建设用地 82.2m^2 和发展中国家 83.3m^2 的水平。1999~2004 年全国房地产开发商购置土地 1407.4km^2，但实际开发 795.7km^2，开发率只有 56.5%。我国绝大多数城市工业用地与总量比例超过 20%，而国外发达的特大城市工业用地一般不超过 5%。

近年来，进口粮食有所增加，引发世界对粮食问题的担心，有学者提出到国外

①国土资源部 .2007. 快速城市化和工业化阶段农地保护政策与措施。

投资发展农业，也有专家提出“藏粮于地、藏粮于技”或发展“第二粮仓”战略，确保粮食产能与国家粮食需求动态平衡。当前关键是确保粮食播种面积稳定在 16 亿亩，永久基本农田保持在 15 亿亩以上，发展绿色优质农产品，推进农业由增产导向转向提质导向，加快突破农业核心技术，立足国内确保口粮绝对安全。

10.2.2 提高耕地质量

1. 保护耕地质量

坚守 18 亿亩耕地红线的政策是对耕地总量的控制，同时应加强对耕地质量的保护。过去十年占用的 242 万 hm^2 都是城郊的好地，如冲积平原上的水稻土、潮土、菜园土，这些土壤都是人为长期培育的肥沃土壤。有学者提出的“当量”制实现全国范围占补平衡，听起来有道理，实际上，我国平原地区，尤其是东部集约用地已把作物种到田埂上；为了扩大耕地面积，在丘陵山地因地制宜地建立各种梯田（图 10-5、图 10-6、图 10-7），20 世纪 80 年代共修筑梯田 1 亿亩。其中山地梯田一直修到海拔 2600m 的山巅。占了耕地用什么地来补偿呢？通常都是占“好”补“劣”，占“熟”补“生”，占“近”补“远”，占“水田”补“旱地”，这样的占补必然会导致土壤总体质量下降。

图 10-5　四川紫色土丘陵区的农业利用（崔荣浩　摄）

图 10–6 广西龙胜山区水稻梯田的农业利用（崔荣浩 摄）

2. 警惕城郊土壤对水体富营养化的影响

城郊菜园土壤由于大量施用人粪尿、有机肥和化学肥料，土壤磷素明显富集。南京城市土壤全磷（P_2O_5）含量高达 25.5g/kg，速效磷（P）最高达 360mg/kg，超过植物需求，并对地下水质量构成威胁。

3. 谨防城市土壤污染

城市土壤是“受多种方式人为活动的强烈影响，原有继承性得到强度改变的土壤”。涉及由城镇生产的物质混合、填充、埋藏或污染的土壤。因此，城市土壤常与污染相伴。城市不同功能区内矿冶区土壤重金属综合污染指数最高，风景区最低。汽车尾气排放造成的污染也很严重。此外，持久性有机物污染分布也较广。

4. 加强治理雾霾天气

雾霾天气取决于空气中的颗粒物，通常城市降尘量各功能区之间存在显著差异。风景区最低，工业区显著高于交通干道和居民区；居民区和城郊区大气降尘受人为活动影响较少；工业区人为源附近影响较大。以南京为例，全市各区域大气降尘速率每月平均值为 15.11g/m^2，低于乌鲁木齐、兰州、太原等北方城市，与周边上海、马鞍山、徐州、淮安等城市接近，但高于南方城市，如广州[18]。此外，土壤裸露也有很大影响，据估计，裸露的土地方圆 2km 范围都会波及。2013 年南京雾霾天气

图 10-7 云贵高原的梯田（徐宁 摄）

242 天，这与该市大规模基建铺开 2000 多个工地不无关系。而 2014 年 8 月青奥会期间，南京的好空气持续了 30 天，从“青奥蓝”以及其后的“APEC 蓝”来看，人类是完全可以控制雾霾的，关键在于管控。

因此，除了全面认识城市面临的问题外，还必须管控好城市的发展规模和速度，加强“三废”的处理，有针对性地采取措施，以保证土壤和环境的质量。

10.2.3 建立新型城乡一体化生态系统

1. 城市融入大自然

不知从何时起，“回不去的是故乡”这句话成为这个时代的集体感叹，反映在城镇化浪潮冲击下，故乡沦落的无根之痛。在中央城镇工作会议提到，“在发展城镇化过程中要尊重自然、天人合一的理念，依托现有山水脉络等独特风光，让居民望得见山，看得见水，记得住乡愁……”[19]。什么是乡愁呢？乡愁是对自己家乡地域风情和文化特质的记忆，也是一种情感和寄托。我们理解这段话的精神就是建立新型城乡一体化的生态系统[20]。土壤是生态系统的一个组成部分，有学者说得好，地球因具有薄薄的一层土壤而区别于其他无生命的星球。城市中钢筋水泥高楼大厦的丛林、纵横交错的沥青或水泥路面把地面封死，使土壤丧失原有的生态功能。城市越大，封闭的土壤越多，人与自然的距离就越远。因此，应摒弃城市快速发展中摊大饼、吞食农村的模式，盲目追求“千市一面”的大城市和超大城市的政绩审美。

要结合实际情况，注意留住城市现有的山水脉络，历史、人文资源，让山水回环的自然之美重归城市，那山、那水、那文化古迹的原始风貌将被保留，而不是消逝在人们的记忆中；城市规划不再是“任人打扮的小姑娘”，而是延续传承文化和文明的故乡，恢复到记忆中的模样。这样城镇化在“故乡逻辑”中行进，故乡或不再沦落为陌生的他乡，而离开故土的人们，也不再成为无根的浮萍和飘荡的落叶。

2. 新型城乡一体化

把新型城镇化与农业现代化“栓”在一起办，以占地 2% 的城市被 90% 以上的农村所环抱，形成城乡结合的局面。统筹城乡发展，紧密结合城郊型农村的实际，既依托城市发展，又为城市发展服务，重点是以工促农的方式引导城市向农村流动。从建设好各种形式的高技术和精致的生态农业入手，为城市生产安全的粮食、蔬菜、水果和肉类、牛奶、禽、蛋、鱼、虾等副食品，提高农民收入和生活环境质量。使农村人能与城市人享有同等的社会服务，包括教育、医疗等物质生活和精神生活的便利。现有村庄格局是人们经过几百年甚至几千年与自然相融合而形成的，与农业生产有依存关系。制定村庄规划、生态建设和治理农村人居环境时必须尊重村庄现有选址格局，在此基础上完善基础设施和公共服务。要注意保护乡村要素，如树木、池塘、井渠、古村道等，传统民居也不能一概当做贫困落后的存在而拆村并点，拆旧建新，尽可能在原有村庄形态上改善居民生活条件，使农村人能够免受“城市病”的困扰，这就是未来的新型城乡一体化。只要我们用生态系统的观念、系统科学的思想和系统工程的方法来建设，就能做到让城市带动农村、农村支援城市，各在其位，相济互补，使城市和乡村协调可持续发展。

3. 城镇在绿地中

农村是我国传统文明的发源地，乡土文化的根不能断。从一个城镇来看，城镇绿地土壤是人接触自然的窗口，也是落实生态文明建设，搞好民生保障，提高人们生活质量的一部分。联合国生物圈生态与环境组织要求，城市绿地面积人均 60m^2 为最佳居住环境，波兰首都华沙人均达 90m^2。我国公园绿地人均仅 11~18m^2。有的地方提出“森林进城，公园下乡”很有创意。但应因地制宜，循序渐进。在绿地上，应根据当地的地形、景观和土壤特点种植各种树木花草，如城郊山地丘陵可以种植各种乡土树种，特别是防尘、抗尘的树种，如糖槭、洋槐、冬青类等，公园里种花养草供人游览休闲，湿地种植水生植物如芦苇、红树林等。建立湿地公园和红树林保护区（图 10–8、图 10–9）。

即便在路面，可以借用多孔砖让肥、水进入土壤，草本植物可以透过路缝发芽生长，重新与大自然沟通，并极大地有利于城市的排水（图 10–10）。

图 10-8　湿地公园（左图为太湖，右图为南京梅花山　龚子同 摄）

图 10-9　香港米蒲红树林保护区（左）与园区步行道（右）

图 10-10　城市土壤使用的多孔地面（左杭州市，右南京市）

总之，要让濒临丧失生态功能的城市土壤恢复生机，重新“活”起来。让人们更多地接“地气”。切不可砍树、填湖，盲目平整土地，破坏土壤的自然生态。

对新型城乡一体化来说，首先是守住耕地的数量，其次是维护耕地的质量，而最重要的是建立新型城乡一体化的生态系统。

10.3 提高全民土壤文化水平

10.3.1 土壤是不可再生资源

1. 千年龟万年土

地球有地球的年龄，土壤也有土壤的年龄。土壤形成是一个时间极长、范围极广的缓慢过程。通常在基岩上形成土壤需要经“岩漆”、“地衣”和“苔藓”3 个初级阶段[21]。即使在南极那种极端恶劣的冰雪环境中，每年 8 个月严冬而漫长的黑夜条件下，也有一些地衣的着生，进行着缓慢的原始土壤形成作用（图 10–11~ 图 10–13）。在湿润气候条件下，石灰岩只需 100 年就可产生剥蚀，而抗蚀性强的砂岩则要经过 200 年才可看出风化痕迹。即使在十分有利的风化环境下，如南海众多珊瑚岛中的太平岛，年轻土壤的形成也需 1000~1500 年[22]。Busacca 对美国加州土壤的研究表明[23]，新成土形成时间小于 3000 年，软土需要 3000~29000 年，而老成土需要 50 万 ~320 万年。根据美国水土保持学者 H. H. Bennent 推算[24]，在没有破坏的自然条件下，在基岩上 300~1200 年可以形成 2.5cm 的土层，即形成 1cm 厚的土壤需要 120~480 年。岩石风化是土壤形成的前提，据我们对石灰岩区成土过程的研究[25]，风化 1cm 土壤需要 1.3 万 ~3.2 万年。总之，土壤的形成以千年、万年或百万年计，俗称“千年龟万年土”。土壤作为一个自然体，穿越时空，是历史的见证者，像常青树一样，

图 10–11　南极风化岩石上的壳状地衣（陈杰　摄）

图 10–12　南极风化岩石上的叶状地衣（陈杰　摄）

在地球生命系统中始终充满活力。

2. 不可再生的资源

人们通常用“海枯石烂”形容事物的“永恒”。土壤形成从“石烂”开始，以“石烂”的速度进行。因此，从千万年的时间尺度来看，土壤是“一种可缓慢再生的资源”。也许人们一辈子也看不到一个剖面甚至 1cm 土壤的形成，如果这 1cm 土壤中途遭侵蚀而流失，那就根本看不到土壤的形成。许多人误认为土壤是取之不尽、用之不竭的。实际上，土壤是不可再生资源。

图 10–13 南极风化岩石上的枝状地衣（陈杰 摄）

3. 脆弱的生态系统

土壤、水和空气是陆地生态系统建立与演化的物质基础。相比于水和空气较短时段的可再生性，土壤一旦被破坏将难以恢复，这是一个脆弱的生态系统，因而破坏土壤无异于毁灭土壤。水土流失、荒漠化、盐渍化、沙尘暴等现象将千万年形成的土壤毁于一旦，令人扼腕叹息；人类活动无休止的干扰，不仅加剧了土壤退化，还给脆弱的土壤生态系统带来了新的土壤污染、土壤封闭等。有学者说：“文明人跨过地球表面，他们足迹所过之处，留下一片荒芜”，这种说法未免过于消极，但针对上述毁灭性摧残土壤的行为，还是言之有理的。俗语说得好：敬畏土壤——青山绿水，良田沃土；破坏土壤——穷山恶水，薄田瘠地。某些行政决策者和管理者，请不要因眼前的利益而迷失方向，“但存方寸地，留与子孙耕”。

10.3.2 人类属于大地

1. 大地的儿女

万物土中生，70% 以上的食物和纤维来自土壤。不仅如此，土壤还是一个人类离不开的环境因素。美国一个印第安部落酋长西雅图 [26] 说得好：“人类属于大地，而大地不属于人类。世界上万物都是互相关联的，生命之网并非人类所编织。人类不过是网中的一根线、一个结。但人类所做的一切，最终会影响到这个网，也影响到人类本身。因为降临到大地上的一切，终究会降临到大地的儿女们身上。”土壤和人类互相依存。

2. 取之有度

有了土壤才有生命的繁荣，才有人类的生存和发展。土壤不但孕育了生命，也是人类安身立命之地。人贵为万物之灵，与其他动物不同的是在他不理智的时候欲壑难填。为此，一些人曾不顾一切地企图“征服”自然，提出什么“人定胜天”、“战天斗地”和“人有多大胆，地有多高产”等不切实际的口号。他们忘记了李比希的“归还学说”，也不知道土壤养分储量的有限性。没有投入，哪有产出；没有耕耘，哪有收获。进行掠夺式经营，把土壤看做征服的对象，恣意毁林开荒，破坏草场，把土壤作藏污纳垢的去处，把“三废”一股脑儿倾倒于大地，埋藏于地下，使土壤丧失其功能！在地球生命史上，土壤形成始于4亿年前，人类只有350万年历史。人们竟然不自量力地认为可以改造自然，破坏物竞天择的法则，但人们对土壤“加害”和“污染”的后果，最后将降临到自己身上。我们呼吁加强对土壤资源的管控：使用土壤资源应该有偿，护土有功者应该有奖，损害土壤资源者应该赔偿。

3. 前车之鉴

肖洛霍夫在《静静的顿河》里说过“不要往井里吐痰，也许以后我们会来喝井里的水”。中国有句话说得好，“不能搬起石头砸自己的脚”！新西兰有句谚语“关爱土壤，就是关爱人类自己”。破坏土壤必将自毁前程，古巴比伦文明的消失，美国20世纪30年代的黑色风暴和拉夫运河事件，不就是前车之鉴吗？《阿房宫赋》中有句警言：“后人哀之而不鉴之，亦使后人而复哀后人也”（唐·杜牧）。人们不能健忘，健忘可能会让历史的悲剧重演。

10.3.3 祖国＝母亲＋大地

1. 关爱母亲

祖国—— mother-land，就是母亲＋大地。很多民族和国家的语言中土地都是用女性来表示，把她视为能生产的、能繁衍的女神。古希腊的艺术家常把土壤塑造成一个容貌美丽的妇人，站在地上，手中抱着一个婴儿，这个婴儿象征着收获，象征人类是大地之子。社会现实也的确如此，并不起眼的土壤却正如同世间最真挚的母爱一样无私而伟大，她们任劳任怨，给予大地儿女深沉的爱。不少国家直接以土地命名自己的国家，如欧洲的英国、荷兰、芬兰等，北美的格陵兰，大洋洲的新西兰以及亚洲的泰国等。在我们中华民族升华了土地的概念，《白虎通义》写道：“人非土不立，非谷不食，故尊而亲之，立社稷而祭之”。所谓社稷坛是祭祀社稷之坛。社代表土地之神，稷代表五谷之神，社稷已演变为国家的缩影和政权的象征，并以“五色土”展现广袤的华夏土地的丰富多彩。我们祖国拥有960多万 km^2 神圣的陆地国土和300多万 km^2 的海疆，是祖宗留给我们生存和发展的空间，没有一寸土地和海疆是多余的。南海西沙群岛中最大的永兴岛面积仅 2.1km^2，南沙群岛中最大的太平岛面积仅 0.432km^2。虽然这些海岛在南海中只是“沧海一粟”（图 10–14、图 10–15），但对领土、领海和专属经济区的划定，有极其重要的国防意义。南海诸岛的土壤“寸土寸金”。为了我国固有的领土、领海、主权和利益，为了祖国的荣誉，我们寸土必争，寸海不让。中华民族历史悠久，土壤肥力经久不衰，生生不息，养育着一代又一代炎黄子孙。江苏省绰墩山肥沃古水稻土的形成已有 5000 多年的历史[27]。这是世代农民用辛勤的汗水浇灌而成的成果。母亲的爱，母亲的无私付出，我们无论如何也还不上。诗人艾青说得好，“为什么我的眼里常含泪水？因为我对这土地爱得深沉”，这是对祖国和土地的大爱。“树欲静而风不止，子欲养而亲不待”，感恩不要等待，行孝要及时。对现有土地应倍加珍惜，关爱母亲、关爱土壤应从今天做起，从我做起，不要等土壤受到侵害才挺身而出。

2. 爱国护土，人人有责

和全国人民一样，土壤工作者不仅悉心培育和管理土壤，且积极参与了爱国护

图 10–14 西沙群岛东岛一瞥（杨安富 摄）

土活动。以南海为例，自古以来就是我国先民所称的“千里长沙”、“万里石塘”，是我国的国土和领海。这些岛礁被广阔的海洋包围，岛上砂多土少，那里的土壤倍受珍惜。当地军民每次回家都把家乡的泥土带到岛上以增加土壤的生产力。就这样祖国人民以土壤为纽带，把家乡、海岛和国家的情感紧密地联系在一起。在近代，早在 20 世纪 40 年代，抗战胜利后，我国土壤学者席连之对南沙群岛的太平岛进行

了首次科学考察[29]（图 10–16）；同年，陆发熹对西沙群岛土壤及鸟粪磷矿进行了科考[30]。1974 年在西沙群岛自卫反击战之后，龚子同等对西沙群岛 9 个岛屿进行了详细考察并出版了相关的著作（图 10–17）[28]。当三沙市人民政府成立时，我们及时发表了“南海诸岛的土壤及其生态系统特征”[22]，深入探讨了南海诸岛生态系统物质循环的特征（图 10–18），并提出了保护土壤生态系统的措施。这些学术活动不仅有学术价值，并有重要的国防意义。土壤学者对建设祖国、保卫祖国充满热情。

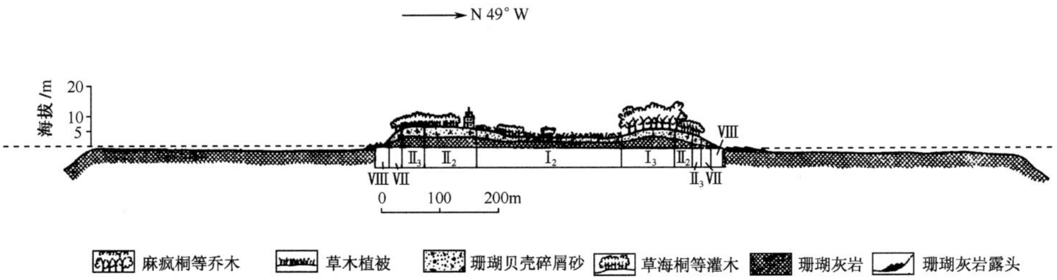

土壤类型代号：Ⅰ$_2$ 磷质钙质湿润雏形土（砂质磐状）；Ⅰ$_3$ 磷质钙质湿润雏形土（紧块状）；Ⅱ$_2$ 磷质钙质湿润雏形土（中层）；Ⅱ$_3$ 磷质钙质湿润雏形土（薄层）；Ⅶ磷质湿润正常新成土；Ⅷ海积潮湿正常盐成土

图 10–15　金银岛三层大楼至西北海岸地形、植被、土壤及母质断面图[28]

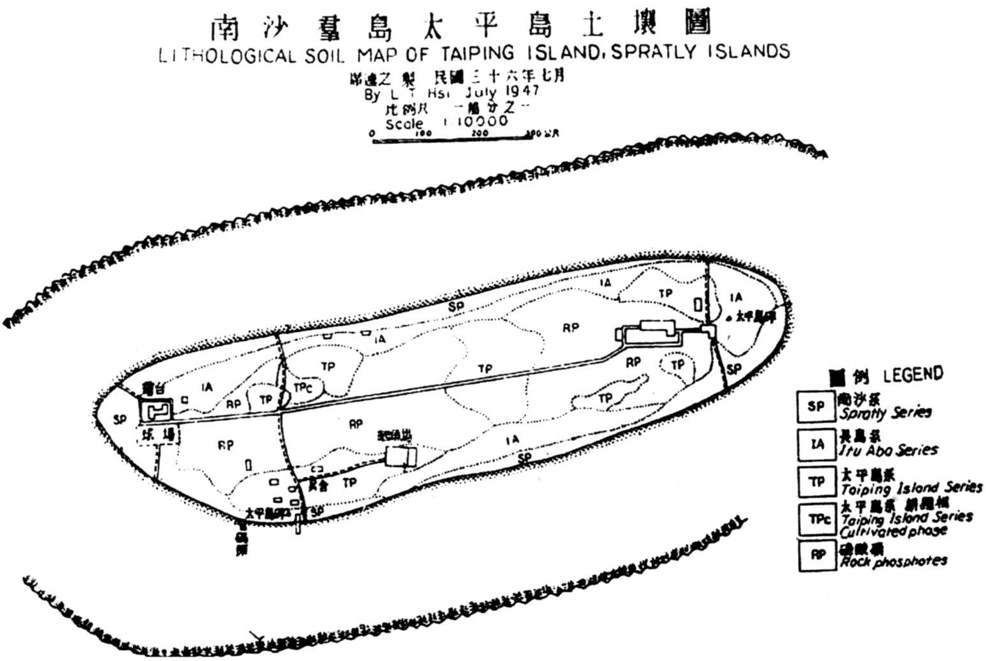

图 10–16　南沙群岛太平岛土壤图[29]

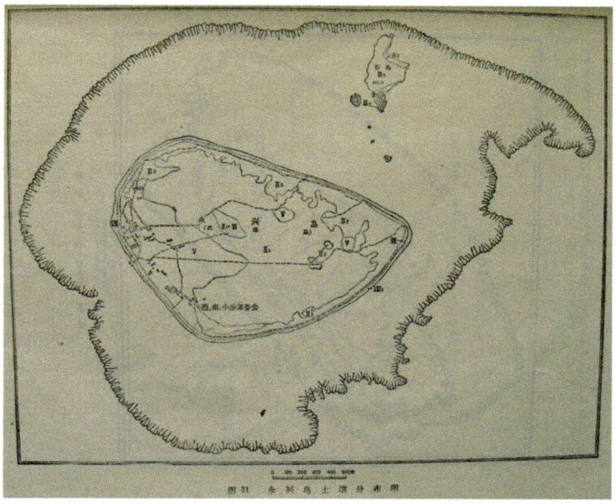

图 10–17　西沙群岛永兴岛土壤图[30]

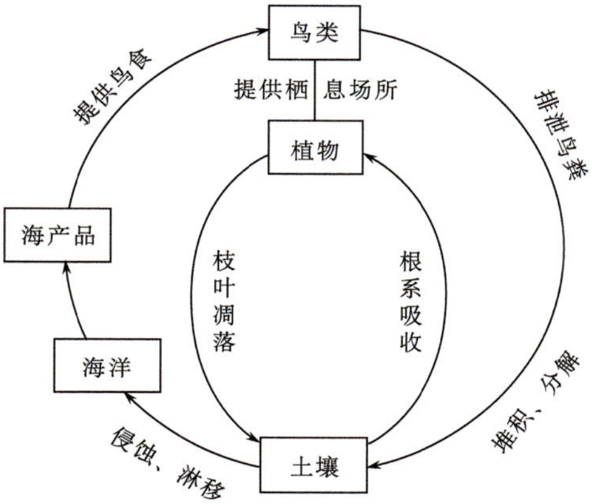

图 10–18　南海诸岛生态系统中的物质循环[22]

3. 惜土如金

古今中外有许多人特别热爱土壤。首先是农民，他们面朝黄土背朝天，在泥土中播种希望，与土壤有血肉的联系；其次是土壤学者和农学者，他们探索土壤的秘密，发掘土壤之美，并乐此不疲；第三是诗人和文学家，他们以文人的敏感，穿透地皮，揭示人间的真爱，以土壤为载体抒发其对国家、乡土和人民的深情。不是有获诺贝尔文学奖的《大地三部曲》、长篇诗作《我们的土壤妈妈》吗？还有在一些偏僻的山村都设有象征保护收获、赐福农民的“土地庙”（图 10–19），并传承了祭拜土地爷爷时“撒酒敬土”的习惯吗？古今中外赞美土壤的作品浩如烟海，但是土壤实在太普通、太朴素和太常见了。人们在认识上也有误区，如古代的王公贵族士大夫阶级，把各种污秽、低贱的字眼都堆在土壤头上，什么“贱如粪土”呀、“土崩瓦解”呀、“挥金如土”呀，等等。至今在民间还有人把土壤称为“烂污泥”，不仅是“烂”而且还“污”呢！导致了土壤没有受到应有的尊重和赏识。土壤本身是洁净的，“污”是人为强加的，不能贬低我们衣食之源的土壤！蔑视我们宝贵的自然资源！古语云“万物土中生，黄土贵如金”。人可以没有金子，但人们不可以没有土地。我们应该珍惜，不应“挥金如土”而应“惜土如金”。敬请久居钢筋水泥的朋友们下楼出院，接接“地气”，或到乡间闻一闻朴实清新的“土味”，亲眼看看“锄禾日当午，汗滴禾下土”的乡情。把那些不合时代的陈腐观念，与“三废”一样扫进历史的垃圾箱！

图 10–19　村口的土地庙

10.3.4 爱土意识从科普和教育做起

土壤是人们生存的根，心灵的故乡，应该把土地神之子安泰一旦立地就力大无穷、古典小说《封神榜》里土行孙遁土可行千里的神话故事讲给中小学生听；把科普作家高士其《我们的土壤妈妈》、艾青的《我爱这土地》和著名作家巴金《愿化泥土》的诗写进课本里，把土壤科普教育从娃娃抓起，使中小学生乃至全社会都发自内心地懂得珍惜土壤，热爱土地，并拥有传承下来的土壤情结。

1. 科普宣传

文化植根于民族优秀传统思想的沃土和乡土历史之中。许多名著，如一些获诺贝尔文学奖的作品常浸透了乡土气息，赛珍珠的《大地三部曲》、肖洛霍夫的《静静的顿河》及莫言的《蛙》等都带着泥土的芬芳。土壤学者研究土壤的同时，读点相关的文学作品，可以陶冶情操，更可增添研究的活力。

要把一个印第安酋长给总统的公开信和法国《克兰让达尔土壤宣言》在社会上广为宣传，唤起大众对土壤的关爱！

世界各国州（市）有州（市）树，又有州（市）花。树或花赖以生长的是土壤，所以美国每一个州都设有“州土”（State soil），这很好！如果我们每个省都设有“省土”，一定比别的国家更加丰富多彩。以邮票为载体宣传土壤，已见于欧洲国家（图10–20），在我国可以从14个土纲或各省的“省土”开始作邮票内容。这不仅可广泛传播土壤知识，更可增加邮票的科学性和趣味性。

图10–20 俄国土壤学家B. B. 道库恰耶夫（左上）；德国土壤学家李比希（左下）；德国土壤邮票（右 陈杰 提供）

2. 专业教育

莫斯科大学土壤系是全校9大系之一。我国土壤系已不见踪影，只有在大学的资源与环境学院下设有学时不多的土壤课程。实际上，土壤系遍地开花也无必要，但没有土壤学的专门教学也走向了另一个极端。可在少数有条件的大学设土壤系，从事较基础的研究与教学探索未知；大部分大学可设土壤调查制图、合理施肥、土壤测试分析、水利土壤改良和土壤环境与生态规划等实用课程，以适应当前社会各方面的需要。

3. 建土壤博物馆

北京社稷坛“五色土”是我国最早的大型土壤展示。世界上幅员较大的国家有加拿大、俄罗斯、中国和美国。但是从土壤资源来说，我国最具特色和多样性，如我国青藏高原的高山土、西北内陆的干旱土、亚热带的富铁土以及历史悠久的古老耕作土世所罕见。因此，建立一个世界级的现代土壤博物馆非我国莫属（图 10–21）。展览馆中要展示我国土壤耕作几千年经久不衰的经验以及告诫世人防治土壤退化的经验教训。据此以加强对爱自然、爱土壤的教育，提高人类土壤文化水平。让语言学家林语堂“与草木为友，和土壤相亲”的格言更加深入人心。

10.3.5 开展“国际土壤年”活动

2002 年，国际土壤科学联合会（IUSS）理事会提议，将每年 12 月 5 日作为“世界土壤日”（World Soil Day）（图 10–22）。这一提议得到联合国粮农组织（FAO）的支持，并提议将 2015 年定为“国际土壤年”（International Year of Soils, IYS）。2013 年 12 月第 68 届联合国大会正式通过决议，将 12 月 5 日定为“世界土壤日”，2015

图 10–21 中国科学院南京土壤研究所土壤陈列馆一角

图 10-22　世界土壤日宣传画

年定为“国际土壤年”，口号是“健康土壤带来健康生活”（Healthy Soils for a Healthy Life），旨在提高人们对土壤在粮食安全、水安全、能源安全、保护生物多样性、气候变化等基本生态系统功能起的重要作用，对有限土壤资源可持续性管理和养护的认识和了解。

土壤是神圣的资源，是人类赖以生存和可持续发展的物质基础。土壤健康是国际大事，影响全球所有国家。然而当前世界各地都面临着土壤迅速恶化的问题，全球有 33% 的土地已经因工业化和城镇化而退化，而水土流失、养分耗竭、盐碱化、干旱化和污染又带来更多威胁。我国是世界上水土流失面积大、危害严重的国家之一。长期以来，人们都误以为土壤取之不尽、用之不竭，也不知道与水体和大气污染相比，土壤污染具有隐蔽性、滞后性和难可逆性。水体和空气污染物大约有 80% 最终进入土壤，并可能影响食物链。实际上，土壤是一种不可再生的自然资源，解决土壤污染困难得多，土壤治理是一项极大的挑战。因此，对土壤可持续性的管理和保护，人人都应重视。

2015 年我国首次举办全国性“国际土壤年”和“世界土壤日”活动，中国土壤学会陆续举办中国土壤学会成立 70 周年和第十二届东亚及东南亚土壤学联合会等多项会议。中国科学院南京土壤研究所举办各种科普宣传、报告、讲座等。《寂静的土壤》的出版既是“国际土壤年”献礼活动的一部分，亦是激励人们对“土壤梦”锲而不舍的追求，目的是引导人们获取知识、涵养精神，共同推动“爱土护土”迈上新台阶。让我们承诺加倍努力保护这一重要而被忽视的资源。没有健康的土壤，何来健康和幸福的生活！

参考文献

[1] Докучаев B B. Русский чернозем. С. Петербургъ, 1883: 1–640

[2] Mattson S. The constitution of pedosphere. The Annuals of Agricultural College of Sweden, 1938, 5: 261–276

[3] Lin H S. Earth’s Critical Zone and hydropedology: concepts, characteristics, and advances. Hydrology and Earth System Science, 2010, 14:25–45

[4] 孙秀廷 . 关于李比希矿质营养学说 . 五色土 , 2013, 1. www. issas. ac. cn

[5] 季国亮 . 土壤中离子吸附 – 交换理论的建立和发展 . 五色土 , 2013, 1. www. issas. ac. cn

[6] 李振高 . 豆科植物根瘤菌共生固氮研究的开创者 . 五色土 , 2013, 1. www. issas. ac. cn

[7] Waksman S A. Soil microbiology. Soil Science, 1952, 75(1): 561–584

[8] 中国科学院南京土壤研究所 . 李庆逵与我国土壤科学的发展 . 南京 : 江苏科学技术出版社 ,

1992

[9] 中国科学院南京土壤研究所 . 熊毅文集 . 北京 : 科学出版社 , 2003

[10] 18th WCSS. The Future of Soil Science. PA: Philadelphia, 2006

[11] Needham J. Science and Civilisation in China. Cambridge: Cambridge University Press, 1986

[12] 骆永明 . 土壤环境和土壤修复发展现状与展望 . 土壤学学科发展报告 . 北京 : 中国科学技术出版社 , 2011: 134–146

[13] 骆永明 . 中国主要土壤环境问题与对策 . 南京 : 河海大学出版社 , 2008

[14] 新华社 . 全国近六分之一土壤污染超标 . 扬子晚报 , 2014–4–18(A2 版)

[15] 陈怀满 , 等 . 环境土壤学 . 2 版 . 北京 : 科学出版社 , 2010

[16] 陈怀满 . 我国土壤环境质量研究中的一些问题 . 五色土 , 2014, 1. www. issas. ac. cn

[17] 国务院 . 关于全面深化农村改革 , 加快推进农业现代化若干意见 . 新华社 , 2014–1–19

[18] 李山泉 , 李德成 , 张甘霖 . 南京不同功能区大气降尘速率及其影响因素分析 . 土壤 , 2014, 46(2): 366–372

[19] 新华社 . 中央城镇化工作会议 . 扬子晚报 , 2013–12–14

[20] 王兆骞 . 关于城镇化与城乡建设一体化的生态系统 . 五色土 , 2013, 2. www. issas. ac. cn

[21] 朱显谟 . 陕西太白山岩生植物和原始土壤形成过程 . 土壤学报 , 1963, 11(1): 177–185

[22] 龚子同 , 张甘霖 , 杨飞 . 南海诸岛的土壤及其生态系统特征 . 生态环境学报 , 2013, 22(2): 183–188

[23] 黄昌勇 . 土壤学 . 北京 : 中国农业出版社 , 2000: 142

[24] 史德明 . 朱显谟对我国土壤侵蚀和水土保持研究的贡献 . 五色土 , 2013, 2: 14–16. www. issas. ac. cn

[25] 韦启璠 , 陈鸿昭 , 吴志东 . 广西弄岗石灰土地球化学特征 . 土壤学报 , 1983, 20(1): 30–42

[26] 龚子同 . 绿色西雅图 : 城市、理念和行动 . 科学新闻 , 2006, 18: 37–38

[27] 龚子同 , 刘良梧 , 张甘霖 . 苏南昆山地区全新世土壤与环境 . 土壤学报 , 2002, 39(5): 618–626

[28] 中国科学院南京土壤研究所西沙群岛考察组 . 我国西沙群岛土壤和鸟粪磷矿 . 北京 : 科学出版社 , 1977: 1–65

[29] 席连之 . 广东南沙群岛土壤纪要 . 土壤季刊 , 1947, 6(3): 77–80.

[30] 陆发熹 . 广东西沙群岛之土壤及鸟粪磷矿 . 土壤季刊 , 1947, 6(3): 67–76.

结束语

在浩瀚的宇宙里，地球最初也和其他星球一样没有生命，只有生命在地球原始海洋诞生后，经过亿万年的风霜雨雪，终于在地表出现维系生命的土壤，从而开启了人类的起源和发展的漫长历史。土壤不愧是人类的母亲。

她从远古走来，走向世界各地。她是俄罗斯平原的黑钙土、巴西亚马孙平原的红土、美国密西西比河流域的棕壤和撒哈拉沙漠以南的风沙土。在中国，有北方的黑土、南方的红土、西部的“白土”、东部的“青土”以及中部的黄土，“五色土”俱全。她以不同的色调装饰了大地，点燃了地球生命的火焰。

土壤母亲，您如何把生命从海洋迎接到陆上，创造了地球生命的新天地？您如何把一颗种子培育成参天大树，如何让荒芜的原野长满庄稼？您提供了多少养分、水分和空气，生产了多少粮食、木材和纤维？您喂养了多少动植物和肉眼看不见的微生物？您如何把矿物质和有机物质变成乳汁，又如何哺育地球上代代相传的人群，演绎世代文明？

土壤母亲寂静安详，简洁朴素，不卑不亢，胸怀宽广，她如此慷慨，只要耕耘就会有收获。土壤母亲受到广泛尊敬，也受到了许多委屈。她接受了越来越多大城市和超大城市的重压，经受了荒漠化、水土流失和盐渍化的折磨，又遭到工业社会里“三废”的侵害。她像所有母亲一样呵护着自己的儿女，顽强抗争。她从不居功，亦不抱怨。千万年来，一如既往，默默奉献。她唯一的希望是地球上生命的永恒！人们有时像不懂事的孩子，很少对母亲表示感激，说一声“我爱您”，而且还经常做一些蠢事，使母亲烦恼，让母亲伤心。作为儿女的我们不应忘记“舔犊”之情，更应有“感恩”之心。最好的方式是“关爱”。别爱得太迟了，成为遗憾。

我们生活的地球是一个平衡、协调和生机勃勃的环境。它像一张生命之网，不论人还是动植物均为其网上的一个结。在大自然的怀抱里，万物和谐相处，人们依赖土壤，尊重土壤，享受土壤，最终又回归土壤，人土相依。时光在流逝，社会在变革，近代以来，随着工业的发展，对土壤过度索取，破网除结，造成“万物萧条人独旺”的生态失衡局面。见证了人类历史发展的土壤母亲告诫人们：违背自然和经济社会发展规律将受到惩罚；顺应自然和经济社会发展规律，才能获得盎然生机。

我们期待早日回归人与土壤和自然共荣共存“天人合一”的大环境，共铸我们的“土壤梦”。届时我们拥抱母亲，亲吻土壤：让土壤文化之花绽放，爱土情结沁人心脾。我们将乐见：在蓝天碧水之间，周围是森林葱茏的群山，面对的是苍茫的

附图　阳光普照下的大地（崔荣浩　摄）

草原；享受春天珠江流域红土地上的百花争艳，夏天黄河流域潮土上的麦浪滚滚，秋天长江流域水稻土上的稻谷飘香，冬天黑龙江流域黑土地上的瑞雪兆丰年。人爱土、土护人，春耕、夏种、秋收、冬藏，终于圆了我们的土壤梦，见到了土壤母亲的微笑，开始了人类的新纪元。

地球每天在不停地转动，太阳每天从东方升起。当旭日东升，阳光普照神州大地时，我们每个人应该感动土壤的深沉厚重，感动土壤之恩。想一下：我们为守护这片“寂静的土壤”做了些什么？

后　记

我们编写这本科普书是缘于土壤人难解的土壤情结和对土壤的深厚感情。作为土壤科学工作者，往往多从技术层面上对待土壤，而较少从文化层面上理解土壤，加上常年奔走于田间、野外，或埋头于实验室，或发表论著，总觉得一些该说的话没有说，该写的没有写，更少以深入浅出的形式来表达关爱土壤的理念、文化和梦想。为了紧跟上当前全国普遍开展生态环境保护和建设、科普大潮在中国涌现的形势，以及作为土壤人的责任心和使命感促成了此书的编写。然而 2013 年着手写书时却感到棘手，除客观条件外，书的内容时间跨度大，包罗面广，要把历史的碎片粘合、拼接起来，并非易事。在有限的篇幅里反映土壤的全貌，必然挂一漏万。此时才感到为何土壤科普写作长期乏人问津，并非偶然。中国科学院南京土壤研究所、“我国土系调查与中国土系志编制”（科技基础性工作专项 2008FY110600）课题组、中国土壤学会、江苏省老年科技工作者协会、中国科学院南京土壤研究所老年科技工作者协会领导的鼓励和支持，还有 2014 年中国科学院科学传播局为本书提供出版经费，令我们备受鼓舞。虽说一度有骑虎难下之感，仍然抱着依靠集体力量和实事求是的态度，尽力为之。

本书的主旨只想表达作者个人对土壤的理解，绝非对土壤学界人和事的评价。涉及人物时，并不面面俱到，只提及一些德高望重的先辈有关的事例。除常识性资料外，书中出现的统计数字大多注有出处。文字稿的编写也参考多种书刊、网络、同事提供的资料。除少数无从查考外，能注明的均已注明。

在从组织编写到出版的全过程中，得益于南京土壤研究所拥有的科研优势和便利条件，如几代人以自己的青春为代价积累起来的丰硕科研资料和大量图书，以及各级领导和广大同行的大力支持，正是在这种精神支柱和真诚的援助、厚实资料基础的背景下，才完成了本书。可以认为《寂静的土壤》一书是集体力量和智慧的结晶。

最后，特别感谢李振声院士为本书题字，感谢“我国土系调查与中国土系志编制”课题组积极提供资料、照片和工作条件。土壤资源和遥感应用研究室史学正、黄标、赵玉国、杨金玲、李德成对本书给予了热情的帮助。浙江大学生态研究所王兆骞教授和南京土壤研究所陈怀满、杨苑璋、史德明等在百忙之中审稿；江苏省中国科学院植物研究所应淑琴同志提供植物学方面的资料和意见。丁昌璞和张效朴对一些章节提出了宝贵意见；季国亮、孙秀廷、李振高、胡君利、张学雷等提供了宝贵的文章和资料；崔荣浩、徐宁、黄标等提供有关照片；美国梭颇教授的外甥 Cyril Harvey

教授提供了20世纪30年代中国农村老照片。南京土壤研究所博士研究生魏昌龙、杨飞、曾荣、芦园园、鞠兵、杨帆、杨顺华、张楚、赵春晓等先后协助编辑整理。同时，感谢南京土壤研究所孙瑞娟同志在出版基金申请和出版过程中所作的努力。还有对帮助、支持本书出版未提到的其他同志，一并表示由衷的感谢。

在编写过程中，限于自身水平，难免有不足和疵误，恳请广大读者批评指正。